BIM 建模技术基础与工程实例

罗占夫　黄宗黔　姚志淳

孙　华　李　益　殷许鹏　　主　编

清华大学出版社

北　京

内 容 简 介

BIM作为国家科技支撑计划重点项目，正引领着一场建筑业技术上的变革。为了响应国家号召，顺应时代发展，不少大中型企业已经开始应用BIM技术。

本书以实际工程为案例，从BIM基础、建筑模型的建立、BIM模型应用三方面，阐述了BIM的概念、Revit Architecture建模过程、多阶段建筑寿命周期中的BIM应用，主要内容包括Revit基础、BIM土建建模基础、创建项目模型、BIM构件的创建和编辑基础、BIM快速建模技术、暖通空调系统Revit建模与工程应用、给排水系统Revit建模与工程应用、消防系统Revit建模与工程应用、电气系统Revit建模与工程应用、BIM的综合应用等，使初学者能快速掌握BIM基础、BIM模型及BIM模型应用的知识。

本书可作为高等院校土木工程相关专业BIM基础与应用课程及实训的教材，也可作为工程技术人员的参考用书。

图书在版编目(CIP)数据

BIM建模技术基础与工程实例/罗占夫等主编. —北京：清华大学出版社，2022.1（2023.7重印）
ISBN 978-7-302-58032-4

Ⅰ.①B… Ⅱ.①罗… Ⅲ.①建筑设计—计算机辅助设计—应用软件 Ⅳ.①TU201.4

中国版本图书馆CIP数据核字(2021)第078616号

责任编辑：石　伟
封面设计：赵　鹏
责任校对：李玉茹
责任印制：曹婉颖
出版发行：清华大学出版社
　　　　　网　　址：http：//www.tup.com.cn，http：//www.wqbook.com
　　　　　地　　址：北京清华大学学研大厦A座　　　　　邮　　编：100084
　　　　　社 总 机：010-83470000　　　　　　　　　　邮　　购：010-62786544
　　　　　投稿与读者服务：010-62776969，c-service@tup.tsinghua.edu.cn
　　　　　质量反馈：010-62772015，zhiliang@tup.tsinghua.edu.cn
印 装 者：三河市铭诚印务有限公司
经　　销：全国新华书店
开　　本：185mm×260mm　　印　　张：16.75　　字　　数：405千字
版　　次：2022年1月第1版　　印　　次：2023年7月第2次印刷
定　　价：69.00元

产品编号：084989-01

前言
PREFACE

住房和城乡建设部正式批准的《建筑信息模型施工应用标准》（GB/T 51235—2017），自 2018 年 1 月 1 日起正式实施。该标准是我国第一部建筑工程施工领域的 BIM 应用标准，与行业 BIM 技术政策及住房和城乡建设部发布的《2016—2020 年建筑业信息化发展纲要》相呼应。

以往我们接到项目，拿到 CAD 施工图纸，直接参照就开始建模，模型搭建过程无章法、无流程，建完的模型无法出图、无法按类别进行管理与展示，按类别进行实物量提取等一系列问题无法解决。BIM 建模基础及技术基于 Revit 自带原生功能，完成建筑、结构、暖通、给排水、电气等各个专业的 BIM 标准模型搭建，并结合标准模型讲解出图设置技巧、给水排水明细表设置技巧等。我们学习不是为了简单地搭建一个能看的模型就可以了，而是把我们搭建的 BIM 模型使用起来，这才是最重要的。本书的目标是让读者掌握 Revit 模型搭建基本命令及专业模型搭建方法，让读者掌握 Revit 模型搭建技巧及各专业模型搭建思维与问题解决能力。

为了便于读者更加高效地学习本书内容，每章均配备了相应的配套资源。这些视频和本书涉及的项目文件、族文件以及 BIM 在工程中的实际应用等配套资源均可以通过扫描书中相应的二维码直接学习。

作为基于 Revit 软件的起点，本书的特点主要体现在以下几个方面。

（1）专，内容专一、有针对性，主要是 BIM 建模基础及技术应用，不高谈阔论其他不相关的内容。从基础的建模认知到模型创建到构件创建，再到快速建模以及工程实例演练，循序渐进，不跳跃，不夸夸其谈，基础夯实后，再去进行实践操作，学以致用。

（2）精，精益求精，关于技术的讲解就在于不但要专业，还要精练，避免啰唆。没有过多的烦冗的话语，有的是言简意赅的表述和提示，让读者不费吹灰之力就能理解，还能提高学习兴趣。

（3）准，目的明确，针对每一部分阐述的重点，一针见血。结合每章开篇的学习目标和学习要点，直击重点需要掌握的内容，解决问题所需，让读者眼前一亮。

（4）强，实战性强，项目案例典型，有很高的实际应用价值，在不同的专业中分类进行实操演练，真正实现学以致用。

（5）增设快捷键的总结，为了进一步提高工作效率，一些熟练掌握的读者可以直接采用快捷键的方式，在此可以根据快捷键的总结进行演练，提高速度，节约时间，实现时间效益化。

（6）提供多样化配套资源，主要有音频、视频、模型、电子教案、PPT、增值 CAD 图纸等相关配套资源，以期为读者提供更优质的学习资料。在学习中寻找兴趣，在兴趣中提高专业技能。

最后建议读者从本书第 1 章顺次阅读，并根据每章的教学目标和章尾的实战案例演练，

按照书上的步骤亲自动手操作，从而加深印象，循序渐进地提高自己，切勿急于求成、心浮气躁，一定要静心沉淀，方能得到升华。

　　本书由罗占夫、黄宗黔、姚志淳、孙华、李益、殷许鹏任主编，参加编写工作的还有杨霖华、付峥嵘、黄秉英、岳鹏威、武禹甫。其中，第 1 章由李益负责编写，第 2 章由黄秉英负责编写，第 3 章由罗占夫负责编写，第 4 章由杨霖华负责编写，第 5 章由岳鹏威负责编写，第 6 章由黄宗黔负责编写，第 7 章由武禹甫和付峥嵘负责编写，第 8 章由孙华负责编写，第 9 章由姚志淳负责编写，第 10 章由殷许鹏负责编写，在此对在本书编写过程中的全体合作者和帮助者表示衷心的感谢，也感谢清华大学出版社策划编辑的大力支持和宝贵建议，在此一并表示感谢。由于编者水平有限和时间紧迫，书中难免有错误和不妥之处，望广大读者批评、指正。

编　者

目 录
CONTENTS

第1章 Revit 基础

【教学目标】

(1) 了解 BIM 的含义及 Revit 软件的起源。
(2) 了解建筑施工建模的兴起。
(3) 了解有关建筑建模软件给建筑施工带来的便利。
(4) 掌握 BIM 建模技术。
(5) 掌握建模软件 Revit 的基本操作。
(6) 了解建筑建模的重要意义、特点及展望。

【教学要求】

本章要点	掌握层次	相关知识点
BIM 的含义及 Revit 软件的起源	(1) 了解 BIM 的含义 (2) 了解 Revit 软件的起源	建筑建模的发展史
建筑建模技术简介	(1) 了解建筑建模的产生 (2) 了解建模软件的兴起	BIM 概念的提出
Revit 软件操作介绍	(1) 了解有关 Revit 软件的基本操作 (2) 掌握 Revit 软件新建项目的功能 (3) 掌握软件各种简单命令的使用方法 (4) 掌握各种选项卡中的功能 (5) 掌握软件各种视图窗口的切换	Revit 软件

BIM 平台软件国际上有 Autodesk 公司的 Revit 软件、Bentley 公司的 Microstation 软件、Graphisoft 公司的 ArchiCAD 软件、Trimble 公司的 SketchUp 软件、达索的 Catia 软件等。本书以 Autodesk 公司的 Revit 软件为例来讲解 BIM 建模方法。Revit 系列软件是由全球领先的数字化设计软件供应商 Autodesk 公司针对建筑设计行业开发的三维参数化设计软件平台。自 2004 年进入中国以来，已成为最流行的 BIM 创建工具，越来越多的设计企业、工程公司使用它来完成三维设计工作和 BIM 模型创建工作。

1.1 认识 Revit

本小节主要介绍什么是 BIM、Revit 的常用功能及文件管理，内容以概念为主，这些概念是学习掌握 Revit 的基础。

1.1.1 什么是 BIM

BIM(Building Information Modeling) 技术由 Autodesk 公司在 2002 年率先提出，已经在全球范围内得到业界的广泛认可，它可以帮助用户实现建筑信息的集成，从建筑的设计、施工、运行直至建筑全寿命周期的终结，各种信息始终整合于一个三维模型信息数据库中，设计团队、施工单位、设施运营部门和业主等各方人员可以基于 BIM 进行协同工作，有效地提高工作效率、节省资源、降低成本，实现可持续发展。

BIM 的核心是通过建立虚拟的建筑工程三维模型，利用数字化技术，为这个模型提供完整的、与实际情况一致的建筑工程信息库。该信息库不仅包含描述建筑物构件的几何信息、专业属性及状态信息，还包含非构件对象 (如空间、运动行为) 的状态信息。借助这个包含建筑工程信息的三维模型，大大地提高了建筑工程的信息集成化程度，从而为建筑工程项目的相关利益方提供了一个工程信息交换和共享的平台。

BIM 有如下特征：它不仅可以在设计中应用，还可以应用于建设工程项目的全寿命周期中；用 BIM 进行设计属于数字化设计；BIM 的数据库是动态变化的，在应用过程中不断地更新、丰富和充实；为项目参与各方提供了协同工作的平台。

从 BIM 设计过程的资源、行为、交付三个基本维度，给出设计企业实施标准的具体方法和实践内容。BIM 不是简单地将数字信息进行集成，而是一种数字信息的应用，并可以用于设计、建造、管理的数字化方法。这种方法支持建筑工程的集成管理环境，可以使建筑工程在其整个进程中显著地提高效率，大大减少风险。

建筑信息模型是以建筑工程项目的各项相关信息数据作为模型的基础，进行建筑模型的建立，通过数字信息仿真模拟建筑物所具有的真实信息。它具有信息完备性、信息关联性、信息一致性、可视化、协调性、模拟性、优化性和可出图性八大特点。

国际智慧建造组织 (building SMART International，bSI) 对 BIM 的定义包括以下三个层次。

(1) Building Information Model(建筑信息模型)。bSI 对这一层次的解释为：建筑信息模型是指一个工程项目物理特征和功能特性的数字化表达，可以作为该项目相关信息的共享知识资源，为项目全寿命周期内的所有决策提供可靠的信息支持。

(2) Building Information Modeling(建筑信息模型应用)。bSI 对这一层次的解释为：建

筑信息模型应用是指创建和利用项目数据在其全寿命周期内进行设计、施工和运营的业务过程，允许所有项目相关方通过不同的技术平台之间的数据互用，在同一时间利用相同的信息。

(3) Building Information Management(建筑信息管理)。bSI 对这一层次的解释为：建筑信息管理是指通过使用建筑信息模型内的信息来支持项目全寿命周期各阶段的信息共享的业务流程组织和控制过程，建筑信息管理的效益包括集中和可视化沟通、更早地进行多方案比较、可持续分析、高效设计、多专业集成、施工现场控制、竣工资料记录等。

目前中英文最常用的两个术语"建筑信息模型"和 BIM 一般情况下都包含前两个层次的含义。

不难理解，上述三个层次的含义互相之间是有递进关系的，也就是说，首先要有建筑信息模型，然后才能把模型应用到工程项目建设和运维过程中，没有前面的模型和模型应用，建筑信息管理就会成为无源之水、无本之木。

1.1.2　Revit 简介

Autodesk Revit 软件是美国数字化设计软件供应商 Autodesk 公司针对建筑行业的三维参数化设计软件平台。Revit 最早是一家名为 Revit Technology 公司于 1997 年开发的三维参数化建筑设计软件。2002 年，美国 Autodesk 公司收购了 Revit Technology，将 Revit 正式纳入 Autodesk。

Revit 为 BIM 这种理念的实践和部署提供了工具和方法，是目前最主流的 BIM 设计和建模软件之一。

Revit 是三维参数化 BIM 工具，不同于大家熟悉的 AutoCAD 绘图系统，参数化是 Revit 的一个重要特征，它包括参数化族和参数化修改引擎两个特征。Revit 中对象都是以族构件的形式出现，这些构件是通过一系列参数定义的。参数保存了图元作为数字化建筑构件的所有信息。

参数化修改引擎则确保用户对模型任何部分的任何改动都可以自动修改其他相关联的部分。在 Revit 模型中，所有的图纸、二维视图和三维视图及明细表都是同一个基本建筑模型数据库的信息表现形式。在图纸视图和明细表视图中进行操作时，Revit 将收集有关建筑项目的信息，并在项目的其他所有表现形式中协调该信息。Revit 参数化修改引擎可自动协调在任何位置 (模型视图、图纸、明细表、剖面和平面中) 进行的修改。

Revit 的主要特点包括以下几方面。

(1) 三维参数化的建模功能，能自动生成平 / 立剖面图纸、室内外透视漫游动画等。

(2) 对模型的任意修改，自动地体现在建筑的平、立剖面图纸以及构件明细表等相关图纸上，避免图纸间对不上的常见错误。

(3) 在统一环境中，完成从方案推敲到施工图设计，直至生成室内外透视效果图和三维漫游动画全部工作，避免了数据流失和重复工作。

(4) 可以根据需要实时输出任意建筑构件的明细表，适用于概预算阶段工程量的统计，以及施工图设计时的门窗统计表。

(5) 通过项目样板，在满足设计标准的同时，大大地提高了设计师的效率。基于样板的任意新项目均继承来自样板的所有族、设置 (如单位、填充样式、线样式、线宽和视图比例) 及几何图形。使用合适的样板，有助于快速开展项目。

(6) 通过族参数化构件，Revit 提供了一个开放的图形系统，支持自由地构思设计、创建外形，并以逐步细化的方式来表达设计意图。族既包括复杂的组件 (例如家具和设备)，也包括基础的建筑构件 (例如墙和柱)。

Revit 族库把大量的 Revit 族按照特性、参数等属性分类归档管理，便于相关行业、企业或组织随着项目的开展和深入，积累自己独有的族库，形成自己的核心竞争力。

1.1.3 Revit 的常用功能

Revit 是 Autodesk 公司一套系列软件的名称。Revit 系列软件是专为建筑信息模型 (BIM) 构建的，可帮助建筑设计师设计、建造和维护质量更好、能效更高的建筑。目前 Revit 软件包括 Revit Architecture(Revit 建筑模块)、Revit Structure(Revit 结构模块) 和 Revit MEP(Revit 机电模块，包括暖通、电气、给排水) 三个专业工具模块，以满足完成各专业任务的应用需求。用户在使用 Revit 时可以自由安装、切换和使用不同的模块，从而减少对设计协同、数据交换的影响，帮助用户在 Revit 平台内简化工作流，并与其他使用方展开更有效的协作。

1. Architecture

Autodesk Revit 软件可以按照建筑师和设计师的思考方式进行设计，因此，可以提供更高质量、更加精确的建筑设计。

通过使用专为支持建筑信息模型工作流而构建的工具，可以获取并分析概念，并可以通过设计、文档和建筑保持设计师的视野。强大的建筑设计工具可帮助设计师捕捉和分析概念，以及保持从设计到建筑的各个阶段的一致性。

2. MEP

Autodesk Revit 向暖通、电气和给排水 (MEP) 工程师提供工具，可以设计最复杂的建筑系统。Revit 支持建筑信息建模 (BIM)，可以导出更高效的建筑系统。MEP 工程设计使用信息丰富的模型在整个建筑寿命周期中支持建筑系统。为暖通、电气和给排水工程师构建的工具可帮助设计师设计和分析高效的建筑系统及为这些系统编档。

3. Structure

Autodesk Revit 软件为结构工程师和设计师提供了工具，可以更加精确地设计和建造高效的建筑结构。

为支持建筑信息建模 (BIM) 而构建的 Revit 可帮助你使用智能模型，通过模拟和分析深入了解项目，并在施工前预测性能。使用智能模型中固有的坐标和一致信息，可以提高文档设计的精确度。专为结构工程师构建的工具可帮助您更加精确地设计和建造高效的建筑结构。

1.1.4　文件管理

Revit 有四种基本格式：项目样板文件 (后缀名 .rte)、项目文件 (后缀名 .rvt)、族样板文件 (后缀名 .rft)、族文件 (后缀名 .rfa)。在 Revit 启动后，项目样板文件与项目文件对应的是项目区；族样板文件与族文件对应的是族区。

1. 项目样板文件 (后缀名 .rte)

项目样板文件包含项目单位、标注样式、文字样式、线型、线宽、线样式、导入 / 导出设置等内容。为规范设计和避免重复设置，对 Revit 自带的项目样板文件根据用户自身的需求、内部标准先行设置，并保存成项目样板文件，便于用户新建项目文件时选用。

2. 项目文件 (后缀名 .rvt)

这是 Revit 的主文件格式，包含项目所有的建筑模型、注释、视图、图纸等项目内容。通常基于项目样板文件 (RTE 文件) 创建项目文件，编辑完成后保存为 RVT 文件，作为设计所用的项目文件。

3. 族样板文件 (后缀名 .rft)

创建不同类别的族要选择不同的族样板文件。比如，建一个门的族要使用【公制门】族样板文件，这个【公制门】族样板文件是基于墙的，因为门构件必须安装在墙中。再如，建承台族要使用【公制结构基础】族样板文件，这个样板文件是基于结构标高的。

4. 族文件 (后缀名 .rfa)

用户可以根据项目需要选择族文件，以便随时在项目中调用。Revit 在默认情况下提供了族库，里面有常用的族文件。当然，用户也可以根据需要自己建族，同样，也可以调用网络中共享的各类型的族文件。

1.2　Revit 的基础知识

本小节主要介绍 Revit 的常用术语、软件的操作界面、视图界面的控制及基本操作，通过实际操作，详细阐述如何用鼠标配合键盘控制视图的浏览、缩放、旋转等基本功能，以及对图元的复制、移动、对齐、阵列的基本编辑操作，这些都是 Revit 的操作基础，只有通过不断的练习才能更加灵活地操作软件，创建和编辑各种复杂的模型。

1.2.1 Revit 的常用术语

1. 参数化

参数化设计是Revit的一个重要特征,它分为两个部分:参数化图元和参数化修改引擎。Revit 中的图元都是以构件的形式出现的,这些构件是通过一系列参数定义的。参数保存了图元作为数字化建筑构件的所有信息。举个例子来说明 Revit 中参数化的作用:当建筑师需要指定墙与门之间的距离为 200 的墙垛时,可以通过参数关系来锁定门与墙的间隔。

参数化修改引擎则允许用户对建筑设计时任何部分的任何改动都可以自动地修改其他相关联的部分。例如,在立面视图中修改了窗的高度,Revit 将自动修改与该窗相关联的剖面视图中窗的高度。任一视图下所发生的变更都能参数化地、双向地传播到其他所有的视图,以保证所有图纸的一致性,无须逐一对所有视图进行修改,从而提高了工作效率和工作质量。

2. 项目与项目样板

在 Revit 中,所有的设计信息都被存储在一个后缀名为 .rvt 的 Revit 项目文件中。在 Revit 中,项目就是单个设计信息数据库 - 建筑信息模型。项目文件包含建筑的所有设计信息(从几何图形到构造数据),包括建筑的三维模型、平立剖面图及节点视图、明细表、施工图图纸及其他相关信息。这些信息包括用于设计模型的构件、项目视图和设计图纸。通过使用单个项目文件,Revit 不仅可以轻松地修改设计,还可以使修改反映在所有关联区域(平面视图、立面视图、剖面视图、明细表等)中。仅需跟踪一个文件,同时还方便了项目管理。

当在 Revit 中新建项目时,Revit 会自动以一个后缀名为 .rte 的文件作为项目的初始条件,这个 .rte 格式的文件被称为样板文件。Revit 的样板文件功能与 AutoCAD 的 .dwt 相同。样板文件中定义了新建的项目中默认的初始参数,例如:项目默认的度量单位、默认的楼层数量的设置、层高信息、线型设置、显示设置等。Revit 允许用户自定义样板文件的内容,并保存为新的 .rte 文件。

3. 标高

标高是无限的水平平面,用作屋顶、楼板和天花板等以层为主体的图元的参照。标高大多用于定义建筑内的垂直高度或楼层。可为每个已知楼层或建筑的其他必需参照(如第二层、墙顶或基础底端)创建标高。要放置标高,必须处于剖面视图或立面视图中。

4. 图元

在创建项目时,可以向设计中添加参数化建筑图元。Revit 按照类别、族和类型对图元进行分类。族是构成项目的基础,在项目中,各图元主要起三种作用。

(1)基准图元可帮助定义项目的定位信息。例如,轴网、标高和参照平面都是基准图元。

(2)模型图元表示建筑的实际三维几何图形,它们显示在模型的相关视图中。例如,墙、窗、门和屋顶是模型图元。

(3)视图专有图元只显示在放置这些图元的视图中,它们可对模型进行描述或归档。

例如，尺寸标注、标记和详图构件都是视图专有图元。

模型图元又分为两种类型。

(1) 主体 (或主体图元) 通常在构造场地在位构建。例如，墙和楼板是主体。

(2) 构件是建筑模型中其他所有类型的图元。例如，窗、门和橱柜是模型构件。

对于视图专有图元，则分为以下两种类型。

(1) 标注是对模型信息进行提取并在图纸上以标记文字的方式显示其名称、特性。例如，尺寸标注、标记和注释记号都是注释图元。当模型发生变更时，这些注释图元将随模型的变化而自动更新。

(2) 详图是在特定视图中提供有关建筑模型详细信息的二维项。例如包括详图线、填充区域和详图构件。这类图元类似于 AutoCAD 中绘制的图块，不随模型的变化而自动变化。

5. 族

在 Revit 中进行设计时，基本的图形单元被称为图元，如在项目中建立的墙、门、窗、文字、尺寸标注等都被称为图元。所有这些图元都是使用族 (Family) 来创建的。可以说族是 Revit 的设计基础。族中包括许多可以自由调节的参数，这些参数记录着图元在项目中的尺寸、材质、安装位置等信息。修改这些参数可以改变图元的尺寸、位置等。

Revit 使用以下类型的族。

(1) 可载入的族：可以载入到项目中，并根据族样板创建。可以确定族的属性设置和族的图形化表示方法。

(2) 系统族：不能作为单个文件载入或创建。Revit 预定义了系统族的属性设置及图形表示。

可以在项目内使用预定义类型生成属于此族的新类型。例如，标高的行为在系统中已经预定义。但可以使用不同的组合来创建其他类型的标高。系统族可以在项目之间传递。

(3) 内建族：用于定义在项目的上下文中创建的自定义图元。如果项目需要不想重复使用的独特几何图形，或者项目需要的几何图形必须与其他项目几何图形保持众多关系之一，请创建内建图元。内建图元在项目中的使用受到限制，因此每个内建族都只包含一种类型。用户可以在项目中创建多个内建族，并且可以将同一内建图元的多个副本放置在项目中。与系统和标准构件族不同，用户不能通过复制内建族类型来创建多种类型。

6. 对象类别

与 AutoCAD 不同，Revit 不提供图层的概念。Revit 中的轴网、墙、尺寸标注、文字注释等对象，以对象类别的方式进行自动归类和管理。Revit 通过对象类别进行细分管理。例如，模型图元类别包括墙、楼梯、楼板等；注释类别包括门窗标记、尺寸标注、轴网、文字等。

在项目任意视图中通过按键盘上的默认快捷键 V 两次，将打开如图 1-1 所示的对话框，在该对话框中可以查看 Revit 包含的详细类别名称。

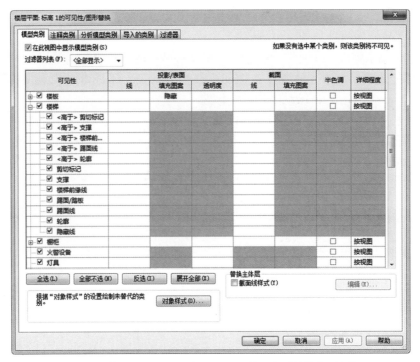

图 1-1 【楼层平面：标高 1 的可见性 / 图形替换】对话框

注意：在 Revit 的各类别对象中，还将包含子类别定义，如在楼梯类别中，还可以包含踢面线、轮廓等子类别，Revit 通过控制对象中各子类别的可见性、线型、线宽等设置，控制三维模型对象在视图中的显示，以满足建筑出图的要求。

在创建各类对象时，Revit 会根据对象所使用的族将该图元自动地归类到正确的对象类别当中。例如，放置门时，Revit 会自动将该图元归类于【门】，而不必像 AutoCAD 那样预先指定图层。

7. 类型和实例

除内建族外，每一个族还包含一个或多个不同的类型，用于定义不同的对象特性。例如，墙可以通过创建不同的族类型，定义不同的墙厚和墙构造。每个放置在项目中的实际墙图元，称为该类型的一个实例。Revit 通过类型属性参数和实例属性参数控制图元的类型或实例参数特征。同一类型的所有实例均具备相同的类型属性参数设置，而同一类型的不同实例，可以具备完全不同的实例参数设置。

例如，对于同一类型的不同墙实例，它们均具备相同的墙厚度和墙构造定义，但可以具备不同的高度、标高等信息。修改类型属性的值会影响该族类型的所有实例，而修改实例属性时，仅影响所有被选择的实例。要修改某个实例具有不同的类型定义，必须为族创建新的族类型。例如，要将其中一个厚度为 240 的墙图元修改为 300 厚的墙，必须为墙创建新的类型，以便在类型属性中定义墙的厚度。

1.2.2　软件界面

在正式绘图前，打开 Revit 软件，其欢迎界面如图 1-2 所示。

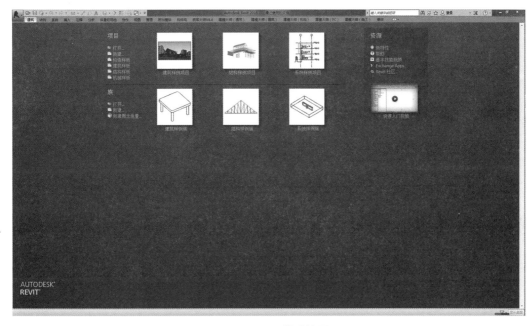

图 1-2　**Revit 的欢迎界面**

新建项目：选择【项目】菜单中的【新建】命令，如图 1-3 所示，在弹出的【新建项目】对话框中，选择【构造样板】选项，并单击【确定】按钮，如图 1-4 所示。

图 1-3　**选择【新建】命令**

图 1-4　**【新建项目】对话框**

在 Revit 2016 中，已经整合了包括建筑、结构、机电各专业的功能，因此，在项目区域中，提供了建筑、结构、机械、构造等项目创建的快捷方式。单击不同类型的项目快捷方式，将采用各项默认的项目样板进行新项目的创建。

项目样板是 Revit 工作的基础，在项目样板中预设了新建项目所有的默认设置，包括长度单位、轴网标高样式、墙体类型等。项目样板仅为项目提供默认预设工作环境，在项

目创建过程中，Revit 允许用户在项目中自定义和修改这些默认设置。在【选项】对话框中，切换至【文件位置】页面，可以查看 Revit 中各类项目所采用的样板设置，如图 1-5 所示。在该对话框中，还允许用户添加新的样板快捷方式，浏览指定路径所采用的项目样板。

图 1-5 【选项】对话框

绘图界面项目样板如图 1-6 所示。

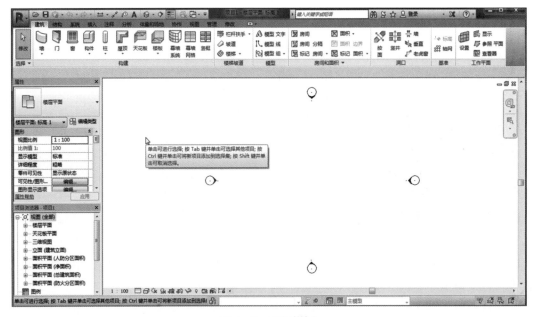

图 1-6 项目样板

1.2.3　视图控制栏

在视图控制栏，可控制视图的比例大小，如图 1-7 所示；也可控制视图显示的粗略程度，如图 1-8 所示。

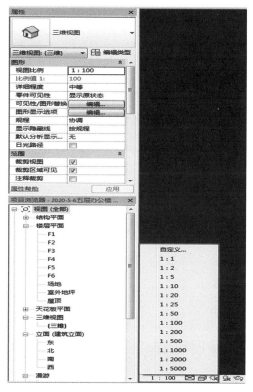

图 1-7　视图控制栏

在着色样式中，可选择显示着色的程度，如图 1-9 所示。

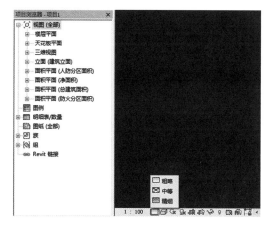

图 1-8　视图粗略程度

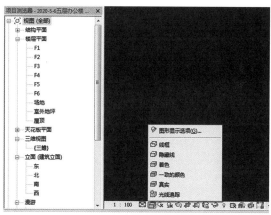

图 1-9　着色样式

视图的隐藏 / 隔离设置，须先选择图元，再在视图控制栏中选择隔离图元，如图 1-10 所示。

图 1-10　隐藏 / 隔离图元

在 Revit 中，选择模型对象有多种方式。

1) 预选

将鼠标指针移动到某个对象附近时，该对象轮廓将会高亮显示，且相关说明会在工具提示框和界面左下方的命令提示栏中显示，如图 1-11 所示。

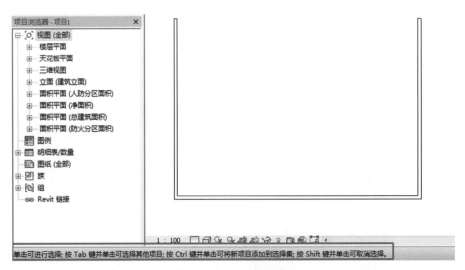

图 1-11　命令提示栏

当对象高亮显示时，可按 Tab 键在相邻的对象中进行选择切换。通过 Tab 键，可以快速选择相连的多段墙体，如图 1-12 所示是按 Tab 键前的预选墙，如图 1-13 所示是按 Tab 键后的预选墙。

图 1-12　**按 Tab 键前的预选墙**　　　图 1-13　**按 Tab 键后的预选墙**

2) 点选

单击要选择的对象，按住 Ctrl 键逐个单击要选择的对象，可以选择多个对象。按住 Shift 键单击已选择的对象，可以将该对象从选择中删除。

3) 框选

将鼠标指针移到被选择的对象旁，按住鼠标左键，从左向右拖曳鼠标，可选择矩形框内的所有对象，从右向左拖曳鼠标，则矩形框内的和与矩形框相交的对象都被选择。同样，按 Ctrl 键可做多个选择，按 Shift 键可删除其中某个对象。

4) 选择全部实例

先选择一个对象并右击，从弹出的快捷菜单中选择【选择全部实例】命令，如图 1-14 所示，则所有与被选择对象相同类型的实例都被选中。在后面的子菜单中可以选择让选中的对象在视图中可见，或是在整个项目所有视图中都可见。在项目浏览器的族列表中，选择特定的族类型，右键快捷菜单中有同样的命令，可以直接选出该类型的所有实例（当前视图或整个项目）。

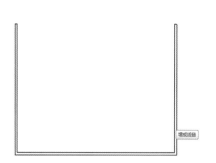

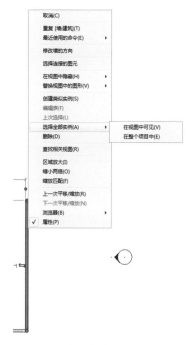

图 1-14　**选择【选择全部实例】命令**

5) 过滤器

选择多种类型的对象后，在功能区中选择【修改】选项卡中的【过滤器】命令，如图 1-15 所示，在打开的【过滤器】对话框中，在其列表框中勾选需要选择的类别即可，如图 1-16 所示。

要取消选择，则可用鼠标左键单击绘图区域空白处，或者在右键快捷菜单中选择【取消】命令或者按键盘上的 Esc 键撤销选择。

在 Revit 中，在三维视图中查看模型，单击 ViewCube 上方各方位，如图 1-17 所示，可以快速展示对应方向的模型；也可右击，在快捷菜单中选择查看方式，如图 1-18 所示。

图 1-15　选择【过滤器】命令

图 1-16　【过滤器】对话框

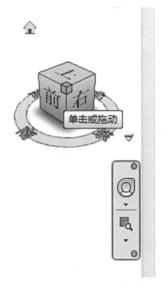

图 1-17　ViewCube 方向选择

图 1-18　ViewCube 显示查看方式

在 Revit 中查看模型也可以通过以下鼠标操作来控制。

(1) 按住鼠标滚轮：移动视图。

(2) 滑动鼠标滚轮：放大或缩小视图。

(3) 按住鼠标滚轮 +Shift 键：旋转视图，可以选中一个构件，再来操作旋转，旋转中心为选中的构件。

Revit 提供了多种对象编辑工具，可用于建模过程中，对对象进行相应的编辑，编辑工具都放在功能区的【修改】选项卡中，下面简要介绍常用的功能。

(1) 对齐功能：可以将一个或者多个对象与选定对象对齐，快捷键为 A+L，如图 1-19 所示。

(2) 偏移功能：可将选定对象沿与其长度垂直的方向复制或移动指定距离，快捷键为 O+F，如图 1-20 所示。

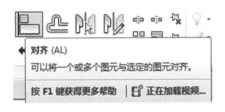

图 1-19　【对齐】命令

图 1-20　【偏移】命令

(3) 镜像功能：镜像功能分为拾取轴和绘制轴，拾取一条线作为镜像轴，可以镜像选定模型对象的位置，或者绘制一条线作为镜像轴，则可以镜像选定模型对象的位置，快捷键分别为：拾取轴，M+M，如图 1-21 所示；绘制轴，D+M，如图 1-22 所示。

图 1-21　【镜像 - 拾取轴】命令

图 1-22　【镜像 - 绘制轴】命令

(4) 移动功能：【移动】命令用于将选定对象移动到当前视图的指定位置，快捷键为 M+V，如图 1-23 所示。

(5)【复制】命令：可复制一个或多个选定对象，并在当前视图中放置这些图元，快捷键为 C+O，如图 1-24 所示。

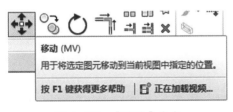

图 1-23　【移动】命令

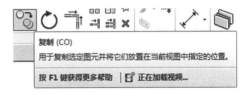

图 1-24　【复制】命令

(6)【旋转】命令：可使对象围绕轴旋转，快捷键为 R+O，如图 1-25 所示。

(7)【阵列】命令：对象可以沿一条线阵列，也可以沿一个弧形阵列，快捷键为 A+R，如图 1-26 所示。

图 1-25 【旋转】命令

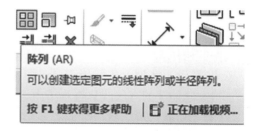

图 1-26 【阵列】命令

(8)【缩放】命令：可以按比例调整选定对象的大小，快捷键为 R+E，如图 1-27 所示。

(9)【修剪 / 延伸为角】命令：修剪或延伸对象，形成一个角，快捷键为 T+R，如图 1-28 所示。

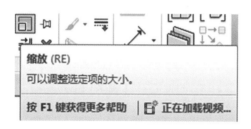

图 1-27 【缩放】命令

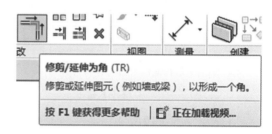

图 1-28 【修剪 / 延伸为角】命令

(10)【修剪 / 延伸单个图元】命令：修剪或延伸一个对象到其他对象定义的边界，如图 1-29 所示。

(11)【修剪 / 延伸多个图元】命令：修剪或延伸多个对象到其他对象定义的边界，如图 1-30 所示。

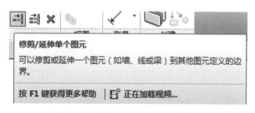

图 1-29 【修剪 / 延伸单个图元】命令

图 1-30 【修剪 / 延伸多个图元】命令

(12)【拆分图元】命令：在选定点剪切对象，或删除两点之间的线段，快捷键为 S+L，如图 1-31 所示。

(13)【用间隙拆分】命令：将墙拆分成之前已定义间隙的两面单独的墙，如图 1-32 所示。

(14)【锁定】命令：将选定对象锁定，防止移动或者进行其他编辑，快捷键为 P+N，如图 1-33 所示。

(15)【解锁】命令：将锁定的对象解锁，可以移动或者进行其他编辑，快捷键为 U+P，如图 1-34 所示。

6) 对象样式

模型对象的线型和线宽可以通过【对象样式】和【线宽】来分别控制，注意【对象样式】和【线宽】的设置是针对模型对象的，所以会影响所有视图的显示。

图 1-31　【拆分图元】命令　　　　　图 1-32　【用间隙拆分】命令

图 1-33　【锁定】命令　　　　　　　图 1-34　【解锁】命令

　　选择功能区中的【管理】→【对象样式】命令，如图 1-35 所示，将打开【对象样式】对话框，如图 1-36 所示。Revit 分别对模型对象、注释等进行线型、线宽、颜色、图案等控制，但要注意的是，这里的线宽所用的数值只是线宽的编号，而非实际线宽，例如墙线宽的投影是 1，代表使用了 1 号线宽，实际线的宽度在【线宽】列表中设置。

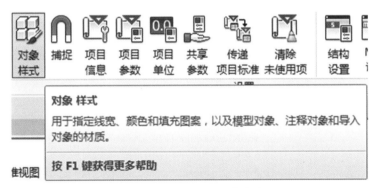

图 1-35　【对象样式】命令

　　要注意【对象样式】对话框与【可见性/图形替换】对话框的区别。【对象样式】对话框的设置是针对模型对象的，而【可见性/图形替换】对话框是控制当前视图显示的。在【可见性/图形替换】对话框中，单击下方的【对象样式】按钮，也可以打开【对象样式】对话框。

　　7) 线宽

　　在功能区的【管理】选项卡中选择【其他设置】→【线宽】命令，如图 1-37 所示，将打开【线宽】对话框，如图 1-38 所示。Revit 分别对模型线宽、透视图线宽、注释线宽进行设置，同时有些编号较大的线条，还可以对应不同的视图比例设置不同的线宽，例如 8 号线宽，它在模型显示时，如果视图比例是 1 : 50，其实际线宽为 2mm，如果视图比例是 1 : 100，其实际线宽为 1.4mm 等。可以根据需要调整、增加或删除这些参数。

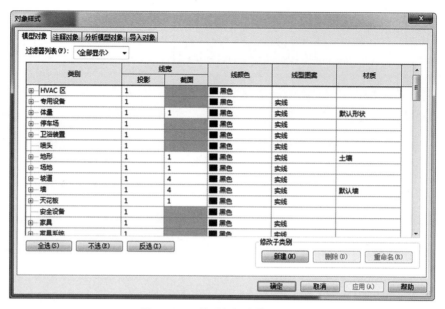

图 1-36　【对象样式】对话框

图 1-37　选择【线宽】命令

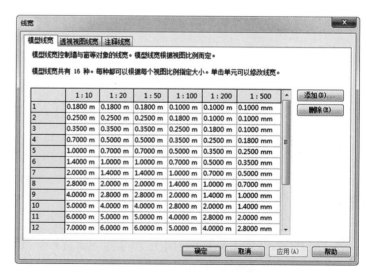

图 1-38　【线宽】对话框

8) 快捷键设置

Revit 软件在使用时，可以使用快捷键快速执行命令，软件已对常用命令设置好快捷键，可以直接使用，如图 1-39 所示，当鼠标指针移动至【门】命令时，稍作停留，鼠标指针旁会出现提示框，提示框中括号内大写字母 DR 即为【门】的快捷键。

图 1-39　【门】命令的快捷键

除了软件默认的快捷键外，用户也可以自己定义其他命令的快捷键。例如，可在【应用程序菜单】的右下方单击【选项】按钮，在弹出的【选项】对话框中选择【用户界面】选项，如图 1-40 所示，单击【快捷键】右方的【自定义】按钮，弹出如图 1-41 所示的【快捷键】对话框。也可在功能区的【视图】选项卡中选择【用户界面】→【快捷键】命令打开这个对话框。

图 1-40　【选项】对话框

图 1-41　【快捷键】对话框

现在以添加一个【洞口】命令的快捷键 DK 为例，在搜索栏中输入"洞口"，快速找到【洞口】命令，在【按新键】文本框中输入"DK"，单击【指定】按钮后，快捷键即添加完成。快捷键也可以统一导出，或者导入已设置好的快捷键，导出或导入的快捷键文件格式为 .xml，这样可以帮助团队在使用 Revit 软件时，统一快捷键。不同于其他软件，Revit 软件使用快捷键，只需直接在键盘上按快捷键即可开始执行命令，无须单击空格键或回车键。

1.2.4 软件的基本操作

在【建筑】选项卡中，可以清楚地看见绘图中所需要的墙、门、窗、柱等在建筑绘图中所需要的图元，如图 1-42 所示。

图 1-42 【建筑】选项卡

在【结构】选项卡中，可以清楚地看见绘图中所需要的梁、墙、柱等在结构绘图中所需要的图元，如图 1-43 所示。

图 1-43 【结构】选项卡

在【系统】选项卡中可以插入所需要的风管、管道等水暖电专业所需要的图元，如图 1-44 所示。

图 1-44 【系统】选项卡

在【插入】选项卡中可以看到链接 CAD、导入 CAD 等一些插入图纸操作，可以使我们更精确地塑造建筑模型，如图 1-45 所示。

图 1-45 【插入】选项卡

在【注释】选项卡中常为建筑模型添加如文字、尺寸标注、符号等注释，如图 1-46 所示。

图 1-46　【注释】选项卡

【分析】选项卡主要包含分析结构模型的常用工具，如图 1-47 所示。

图 1-47　【分析】选项卡

【体量和场地】选项卡主要用于创建体量和场地图元、放置场地构建、绘制建筑地坪，如图 1-48 所示。

图 1-48　【体量和场地】选项卡

【协作】选项卡包含了同其他设计人员协作完成项目的工具，以及碰撞检查，如图 1-49 所示。

图 1-49　【协作】选项卡

【视图】选项卡用于调整和管理视图，创建明细表做数据统计，如图 1-50 所示。

图 1-50　【视图】选项卡

【修改】选项卡中是一些常见的修改工具，可以进行图元的修改、创建、测量等操作，如图 1-51 所示。

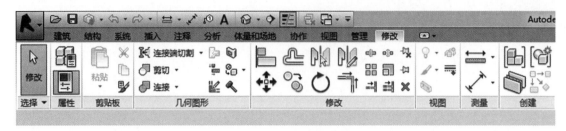

图 1-51 【修改】选项卡

第2章 BIM 土建建模基础

【教学目标】

(1) 了解 BIM 土建建模的项目准备。

(2) 了解建筑施工的工程概况。

(3) 了解建模说明,做好建筑建模前的准备。

(4) 掌握 Revit 软件创建标高与轴网的方法。

(5) 掌握建模依据、命名规范。

(6) 熟悉图纸。

【教学要求】

本章要点	掌握层次	相关知识点
制作标高与轴网	(1) 创建项目样板 (2) 掌握标高与轴网的创建	创建项目与绘制
项目准备	(1) 了解项目工程概况 (2) 根据建模说明做准备	开展建模前期工作
建模依据	(1) 了解选择项目样板 (2) 设置项目信息 (3) 熟悉图纸 (4) 模型拆分原则 (5) 了解命名规范	Revit 软件

　　从本章开始,通过在 Revit 中进行操作,以实际案例为蓝本,从零开始进行土建模型的创建。在进行模型创建之前,通过本章内容,读者应对实际案例的基本情况有所了解。

2.1 项目准备

做好对项目基本情况的了解、项目模型的创建要求、项目图纸的审核这几点就可以开始项目的创建了。标高和轴网是建筑设计中重要的定位信息，通过标高和轴网为建筑模型中各构件的空间定位关系，可以从项目的标高和轴网开始，再根据标高和轴网信息建立建筑中的墙、门、窗等模型构件。

2.1.1 工程概况

(1) 本建筑物建设地点位于某地。

(2) 本建筑物用地概貌属于平缓场地。

(3) 本建筑物为二类多层办公建筑。

(4) 本建筑物合理使用年限为 50 年。

(5) 本建筑物抗震设防烈度为 8 度。

(6) 本建筑物结构类型为框架结构体系。

(7) 本建筑物总建筑面积为 4030m²。

(8) 本建筑物建筑层数为 5 层，均在地上。

(9) 本建筑物檐口距地高度为 19.05m。

(10) 本建筑物设计标高 +0.000，室外地坪标高按照 ±0.000。

2.1.2 建模说明

近年来，随着社会的不断发展和科技的不断进步，作为国民经济支柱产业的建筑业也随之发生了变化，建设领域出现的基本建设规模逐年增大、科技含量不断增高、技术难度越来越大、结构形式更加多样化和复杂化、项目的管理难度也随之增大等特点日益明显，使得传统建设项目信息管理方式方法越来越不适用于我国建筑业的发展形势，建筑业传统的项目管理方法亟待变革。BIM 技术正是顺应建筑业发展对信息化技术提出的新需求而产生的。BIM 技术作为一个共享的知识资源，包含了建设项目全寿命周期所有物理和功能特性的数字化表达。该技术的出现为项目管理理论和技术的发展提供了新的思路。随着 BIM 技术的迅速发展，对基于 BIM 的各类应用的研究也成为建筑业信息化研究的重点，本研究作为基于 BIM 的施工进度计划自动生成模型研究的初期工作，主要将 BIM 技术应用于施工项目进度计划的编制中，分析模型的基本工作流程并为模型各功能模块的实现提供了可行的解决方法。本研究重点做了如下工作：① 通过分析传统施工项目进度计划编制流程，将其划分为多个阶段，对每一阶段存在的问题进行了分析，确定传统施工进度计划编制流程中存在的问题；② 对基于 BIM 的施工进度计划自动生成模型理论上的可行性进行了探讨，指出当前 BIM 理论及信息技术的发展对基于 BIM 的施工进度计划自动生成模型的实现提供了理论上的可能性。

我们按一般建模流程的顺序，先确定项目的标高轴网，再进行建筑专业的模型创建。

2.1.3　创建标高与轴网

在 Revit 绘图中，一般是先创建标高，再绘制轴网，这样可以保证后画的轴网系统正确出现在每一个标高 (建筑和结构两个专业) 视图中。在 Revit 中，标高标头上的数字是以 "米" 为单位的，其余位置都是以 "毫米" 为单位的，在绘制中要注意，避免出现单位上的错误。

标高用于反映建筑物构件在高度方向上的定位情况，因此在 Revit 2016 中开始进行建筑设计时，应先对项目的层高和标高信息作出整体规划。

1. 标高创建

下面以办公楼项目为例，介绍 Revit 2016 中创建项目标高的一般步骤。

(1) 启动 Revit 2016，新建项目，在【项目】菜单中选择【新建】命令，在弹出的【新建项目】对话框中，选择【建筑样板】选项，并单击【确定】按钮，即完成了新项目的创建，如图 2-1 所示。

标高 .mp4

图 2-1　【新建项目】对话框

(2) 默认将打开楼层平面视图。在项目浏览器中展开【立面建筑立面】视图类别，双击【南】立面视图名称，切换至南立面。在南立面视图中，显示项目样板中设置的默认标高：【标高 1】和【标高 2】，且【标高 1】的标高为 ±0.000m，【标高 2】的标高为 4.000m，如图 2-2 所示。

(3) 视图中适当放大标高右侧标头位置，删除不需要的标高，选择除 ±0.000 标高 1 以外的所有标高，按 Delete 键将其删除，如图 2-3 所示。删除后，可以观察到，【标高 1】与项目浏览器中的楼层平面视图【标高 1】相对应，如图 2-4 所示。注意，标高只能在立面视图中创建与编辑。

(4) 更改标高名称。双击标高标头中【标高 1】字样，在编辑窗口中输入 "F1" (默认为 1F) 字样。完成后，会弹出【是否希望重命名相应视图】视图的界面，单击【是】按钮，如图 2-5 所示，可以观察到标高的名称与项目浏览器中楼层平面视图相对应，都改为 F1 了，如图 2-6 所示。

(5) 绘制二层标高。选择【建筑】选项卡，在面板中单击【标高】按钮，如图 2-7 所示，或按下 L+L 快捷键，绘制一个任意高度 (具体的标高数值可双击修改) 的标高，本例中二层楼标高为 4.200m，注意和 ±0.0001F 标高相对齐，如图 2-8 所示。

图 2-2　南立面视图标高

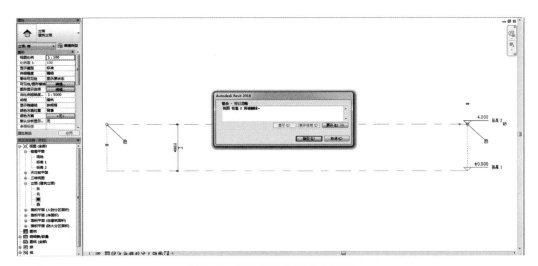

图 2-3　删除系统自建多余标高

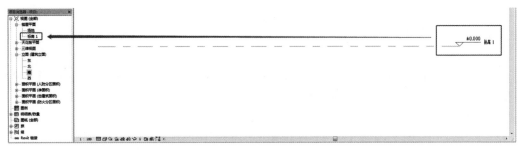

图 2-4　保留标高 1

图 2-5 重命名标高名称

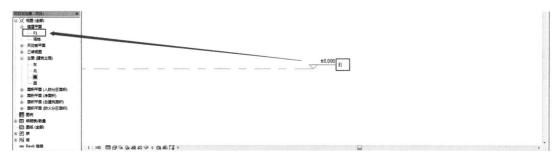

图 2-6 标高名称与楼层平面视图相对应

图 2-7 绘制标高

图 2-8 绘制二层标高

(6) 修改标高数值。双击标高标头中的数值，在窗口中输入"4.2000"，如图 2-9 所示。经过此操作后，不仅标高的数值改成了 4.2000m，而且标高的高度也联动变为了 4.2000m。

3D

图 2-9　修改标高数值

(7) 阵列标高。选择已经建好的二层标高，按 A+R 快捷键，取消对【成组并关联】复选框的勾选，将【项目数】设为 5，【移动到】设置为【第二个】，如图 2-10 所示。将光标向上移动，输入 3600 数值，按 Enter 键，完成对标高的阵列，系统会以 3600mm 为间距，再自动生成 5 个楼层的标高，如图 2-11 所示。

图 2-10　阵列标高设置

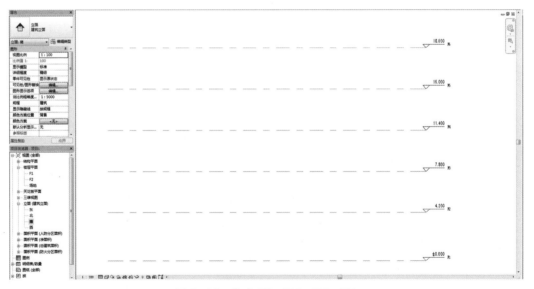

图 2-11　生成 F3、F4、F5、F6

注意：采用复制或阵列方式创建的标高，Revit 不会为该标高生成楼层平面视图。

(8) 复制楼层标高。选择已经生成的 F1 楼层标高，按 C+O 快捷键，勾选菜单栏中的【约束】、【多个】复选框，如图 2-12 所示。向下复制出【-0.450 室外地坪】，选择已经生成的 F6 向上复制出【19.200 楼顶】两个楼层标高，如图 2-13 所示。

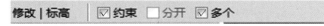

图 2-12　菜单栏

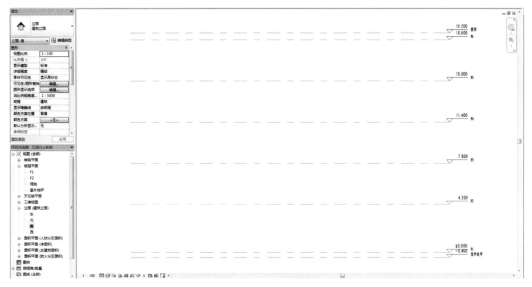

图 2-13　复制标高

(9) 生成与标高相对应的楼层平面视图。在功能区的【视图】选项卡中选择【平面视图】→【楼层平面】命令，如图 2-14 所示，在弹出的【新建楼层平面】对话框中，选择还未生成楼层平面视图的所有标高，并单击【确定】按钮，如图 2-15 所示。完成这步操作后，可以在项目浏览器中观察到系统生成了与标高相对应的楼层平面视图，如图 2-16 所示。

在 Revit 中，标高对象实质上为一组平行的水平面，该标高平面会投影显示在所有的立面或剖面视图中。因此，在任意立面视图中绘制标高图元后，会在其余相关标高中，生成与当前绘制视图中完全相同的标高。

建筑平面定位轴线是确定房屋主要结构构件位置和标志尺寸的基准线，是施工放线和安装设备的依据。确定建筑平面轴线的原则是：在满足建筑使用功能要求的前提下，统一与简化结构、构件的尺寸和节点构造，减少构件类型的规格，扩大预制构件的通用与互换性，提高施工装配化程度。

2. 轴网创建

标高创建完成以后，可以切换至任何平面视图，如楼层平面视图，创建和编辑轴网。轴网用于在平面视图中定位图元，Revit 2016 提供了【轴网】工具，用于创建轴网对象，其操作与创建标高的操作一致，下面继续为办公楼项目创建轴网。

轴网 .mp4

(1) 切换到 1F 楼层平面视图。在项目浏览器中，单击【楼层平面】栏中的 1F 视图，从立面进入到 1F 楼层平面视图。在功能区的【建筑】选项卡中选择【轴网】命令，自动切换至轴网放置状态，快捷键是 G+R。在绘图界面中单击鼠标左键由上向下画一条任意长的垂直线，如图 2-17 所示。注意，轴网只能在平面视图中绘制。

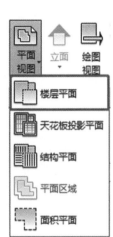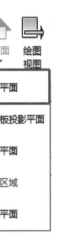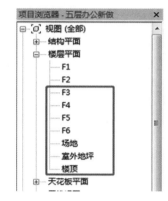

图 2-14　视图楼层平面　　　图 2-15　【新建楼层平面】对话框　　　图 2-16　生成的楼层平面视图

（2）更改轴号名称。默认情况下，不论是绘制的水平轴线还是垂直轴线，第一线都被系统命名为 1 轴。双击轴头，可以更改轴号名称，如图 2-18 所示。我国的建筑制图标准规定：水平方向轴线的轴号以字母命名，而垂直方向轴线的轴号以数字命名。

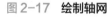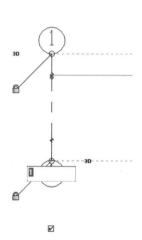

图 2-17　绘制轴网　　　　　　　　　图 2-18　更改轴号名称

（3）使用复制的方式在轴线 1 的右侧复制生成垂直方向的其他垂直轴线，在绘制时确认勾选选项栏中的【约束】和【多个】复选框。间距依次是 7800mm、7800mm、3300mm、7800mm、3300mm、7800mm、7800mm，依次编号为 2、3、4、5、6、7、8 轴，如图 2-19 所示。在功能区的【注释】选项卡中选择【尺寸标注】→【对齐尺寸标注】命令，

Revit 进入放置尺寸标注模式。移动鼠标指针至轴线 1 轴上的任意一点，单击作为对齐尺寸标注的起点，向右移动鼠标至 2 轴上的任意一点，单击，依此类推，分别拾取并单击 1 轴、2 轴、3 轴、4 轴、5 轴、6 轴、7 轴、8 轴，完成后向下移动鼠标至轴线下适当位置，单击空白处，即完成垂直轴线的尺寸标注。

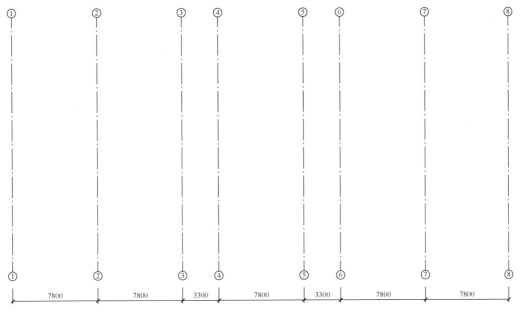

图 2-19　绘制垂直轴网

(4) 绘制水平轴网，在功能区的【建筑】选项卡中选择【轴网】命令，从左向右绘图，单击鼠标左键由左向右画一条任意长的水平线，并更改轴号名称为 A，如图 2-20 所示。

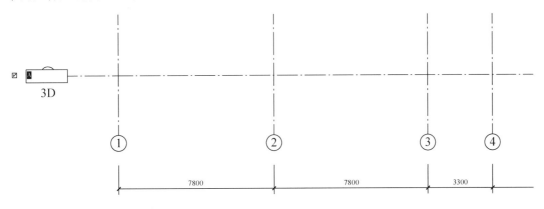

图 2-20　绘制水平轴网

(5) 使用复制的方式在轴线 A 的上方复制生成水平方向的其他水平轴线，在绘制时确认勾选选项栏中的【约束】和【多个】复选框。间距依次是 7500mm、2400mm、7500mm，编号依次为 B、C、D 轴，如图 2-21 所示。

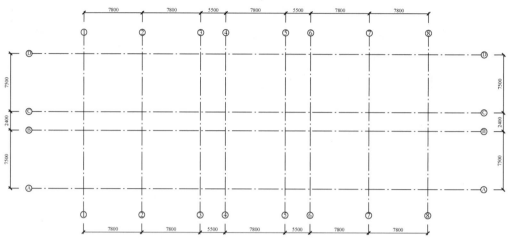

图 2-21　垂直与水平轴线

（6）轴网完成后，还需要对其进行调整，如轴线的颜色、轴线的影响范围、轴线尺寸标注等。修改轴线的颜色。单击任意轴线，在【属性】面板中单击【编辑类型】按钮，在弹出的【类型属性】对话框中将【轴线末段颜色】设置为【红色】，如图 2-22 所示。

调整影响范围。在 Revit 中，轴网是有影响范围的，也就是说，轴网调整后不是每个楼层平面视图都可以影响到，需要设置一个范围。在项目浏览器面板中单击楼层平面的F1 楼层，可以观察到轴网的两头都有轴号。但是，在项目浏览器面板中单击楼层平面的F2 楼层，可以观察到轴网的两头只有一头有轴号。再次返回到 F1 楼层平面视图，选择所有的轴线，执行【影响范围】命令，在弹出的【影响基准范围】对话框中选择所有的楼层平面与结构平面，并单击【确定】按钮完成操作，如图 2-23 所示。

图 2-22　修改轴线末段颜色

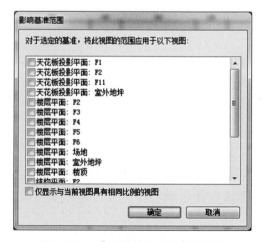

图 2-23　【影响基准范围】对话框

<h1 align="center">2.2　建模依据</h1>

本节主要介绍命名规范、模型拆分原则，这样可以更好地帮助读者理解模型创建的要求与原则，并先熟悉每张图纸，更深刻地理解项目信息。

2.2.1　命名规范

命名规则对 BIM 成果的影响，除对 BIM 模型质量、BIM 图纸 (信息完整、图面美观) 等的影响外，最重要的影响体现在，由 BIM 模型成果能否高效地得到其他需要的或者满足需要的 BIM 成果 (BIM 浏览模型、BIM 算量统计、CAD 图纸、各项经济技术指标等)。如想由 BIM 设计模型得到工程量统计信息，则只有统一的命名规则，才能快速地统计出需要的分项统计信息；而将一个没有命名规则的 BIM 模型在后期整理到能满足工程量快速统计的需求程度，其模型处理工作量是巨大的，且整理后的模型，将对已经生成的 BIM 图纸产生很大影响，需要按照统一后的命名规则再次设定，效率极其低下。总结：规范命名的意义就在于在整个工程过程中，使参与工程的各方方便地进行检索文件以利用文件内的数据，并最终形成条理清晰、脉络顺畅的数据系统，方便工程实践的进行。

1. BIM 命名基本原则

1) BIM 命名考虑的因素

① 项目、子项目、专业、功能区、视图、图纸。

② 文件、类型与实例、参数。

③ 不同 BIM 软件、文件格式、数据管理与共享。

④ 连接符、分隔符、中英文应用 / 构件统计、构件选择过滤与控制等。

2) 命名原则

① 易于识别、记忆、操作、检索：使用专业术语、通用代码等。

② 分级命名：结合数据管理结构分级命名，避免太长的名称。例如 Revit 的族文件名、族类型名称，两级命名结合即可快速识别。

③ 中英文应用：除专业代码、项目编号、构件标记等通用的英文缩写、数字代码外，其他名称尽量使用中文，方便识别。

④ 连接符、分隔符、井字符、括号：只用 "-" "_" "#" 字符分隔 ("-" 表示分隔或并列的文件内容，"_" 表示 "到"，"#" 表示项目子项编号)，不使用或少使用空格，需要注释的可以用西文括号 " (　)"。

2. Revit 族文件命名规则

【专业 / 多专业编码】→【构件类别】→【一级子类】→【二级子类】→【描述】.rfa。

说明：

【专业 / 多专业代码】：用于识别本族文件的专业适用范围，如适用于多专业，则多专业代码之间用下划线"_"连接。

【构件类别】：为建筑各大类模型构件的细分类别名称，如防火门、平开门、人防门；安全阀、蝶阀、截止阀、闸阀、温度调节阀等。

【一级子类】：为模型构件细分类别下，进一步细分的一级子类别名称，如防火门下的双扇、单扇、字母；安全阀中的 A27、A47 型等。

【二级子类】：为模型构件细分类别、一级子类别下，进一步细分的二级子类别名称，如双扇防火门下的亮窗、矩形观察窗居中、侧矩形观察窗；A27 安全阀中的单杆微启式、弹簧微启式等。

原则上，族文件名中可设置 1 ～ 2 级子类，以控制文件名长度，例如：

办公楼 - 下部结构 - 桩基础 #1.rfa。

办公楼 - 上部结构 -0# 块 - 混凝土箱梁 (纵向预应力钢筋).rfa。

办公楼 - 施工设备 - 脚手架 .rfa。

2.2.2　模型拆分的原则

1. BIM 模型的拆分目的

BIM 模型拆分决定了模型创建完成后的使用效率，其主要目的是更好地协同工作，以及降低由于单个 BIM 模型文件过大造成的工作效率降低。通过对 BIM 模型拆分达到以下目的。

(1) 方便多用户访问。

(2) 提高大型项目的 BIM 模型操作使用效率。

(3) 实现不同专业间的协作工作与管理，提高模型创建效率与管理水平。

2. BIM 模型的拆分方式

模型拆分时采用的方法，应尽量考虑所有相关 BIM 应用团队 (包括内部和外部的团队) 的需求。应在 BIM 应用的早期，由具有经验的工程技术人员设定拆分方法，尽量避免在早期创建孤立的、单用户文件，然后随着 BIM 模型规模的不断增大或设计团队成员的不断增多，被动进行 BIM 模型拆分的做法。

一般按建筑、结构、水暖电专业来组织模型文件，建筑模型仅包含建筑数据 (对于复杂幕墙建议单独建立幕墙模型)，结构模型仅包含结构数据，水暖电专业要视使用的软件和协同工作模式而定。

1) 地下建筑物

一个项目的地下室一般作为一个整体进行设计，那么在进行 BIM 协同设计时，会对地下室部分进行划分设计，在单个模型文件不超过 300MB 的情况下，地下建筑物作为一个中心文件进行各个专业的协同设计。如果地下建筑物模型文件超过了 300MB，需要将地下建筑物以建筑、结构、机电分专业进行协同设计，也就是建筑是一个中心文件，结构是一个中心文件，机电是单独的中心文件。如果对以上两种情况进行划分后，模型大小仍然超过 300MB，再根据小专业进行划分，如机电可以分为给排水、暖通和电气作为中心文件进行协同设计。

2) 地上建筑物

如果项目地上部分由多个单体组成，且每个单体的大小都没有超过 300MB，那么我们可以把一个单体作为一个中心文件进行协同设计，如某住宅小区，共有 20 栋楼，我们就可以把每一栋楼作为一个中心文件进行设计工作。如地上建筑物每个单体的模型文件超过了 300MB，需要将超过 300MB 的单体以建筑、结构、机电分专业进行协同设计，也就是建筑是一个中心文件，结构是一个中心文件，机电是单独的中心文件。如果对以上两种情况进行划分后，模型大小仍然超过 300MB，再根据小专业进行划分。

① 建筑可以按区域或者楼层进行划分。

② 结构可以按区域或者楼层进行划分。

③ 机电可以分给排水、暖通和电气作为中心文件进行协同设计。

3) 分类

模型拆分一般归类为五种：①按专业拆分；②按建筑防火分区拆分；③按楼号拆分；④按施工缝拆分；⑤按楼层拆分。

2.2.3 图纸

1. 一层平面图

某办公楼工程一层平面图如图 2-24 所示。

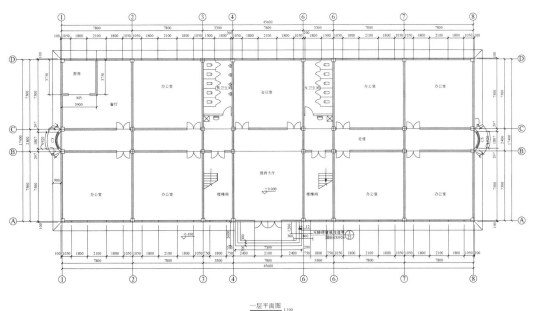

一层平面图 1:100

图 2-24 一层平面图

2. 二层平面图

某办公楼工程二层平面图如图 2-25 所示。

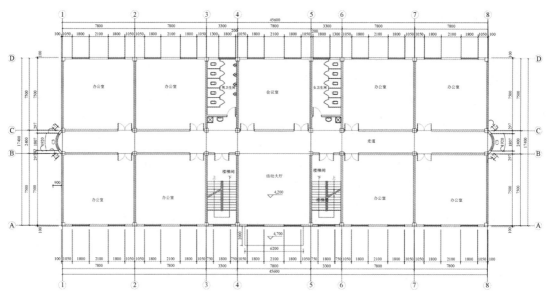

二层平面图 1:100

图 2-25　二层平面图

3. 三、四层平面图

某办公楼工程三、四层平面图如图 2-26 所示。

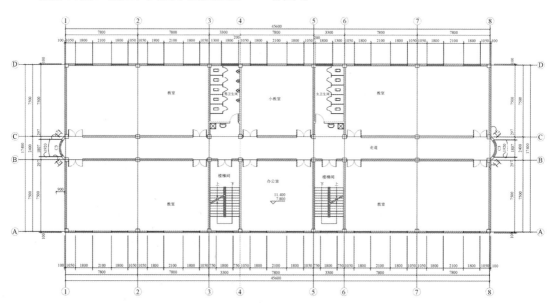

三、四层平面图 1:100

图 2-26　三、四层平面图

4. 五层平面图

某办公楼工程五层平面图如图 2-27 所示。

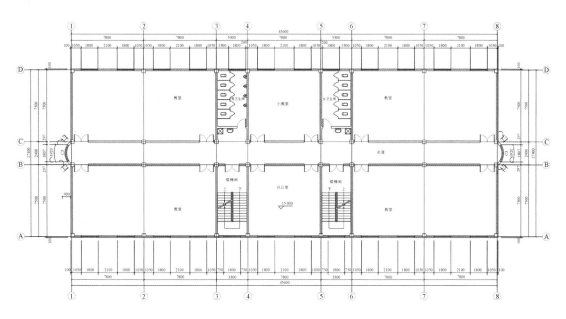

图 2-27　**五层平面图**

5. 屋顶平面图

某办公楼工程屋顶平面图如图 2-28 所示。

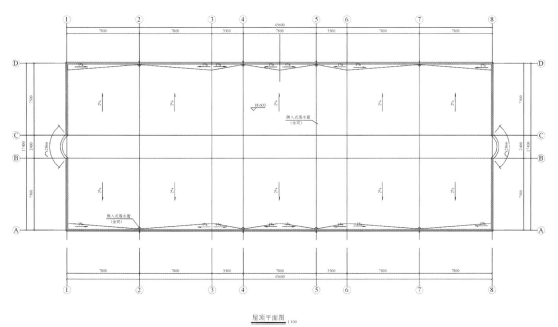

图 2-28　**屋顶平面图**

6. 1 ～ 8 轴线立面图

某办公楼工程 1 ～ 8 轴线立面图如图 2-29 所示。

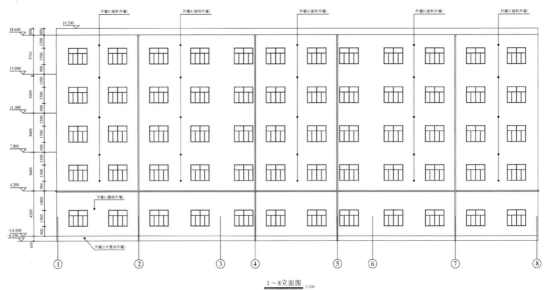

图 2-29　**1 ～ 8 轴线立面图**

7. 8 ～ 1 轴线立面图

某办公楼工程 8 ～ 1 轴线立面图如图 2-30 所示。

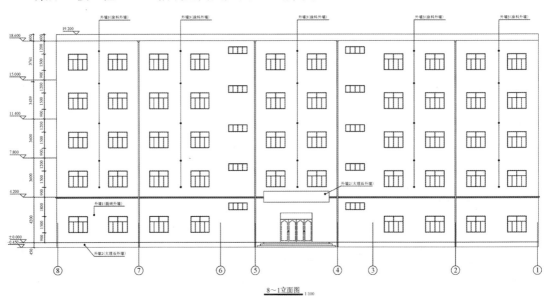

图 2-30　**8 ～ 1 轴线立面图**

8. 两侧立面图

某办公楼工程两侧立面图如图 2-31 所示。

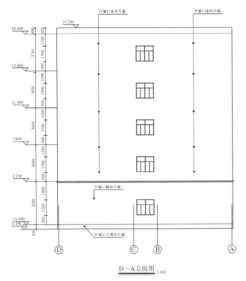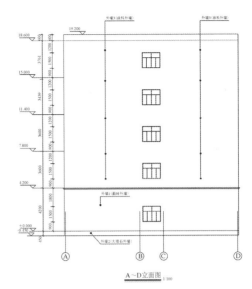

(a) D ~ A 轴侧立面图　　　　　　　　(b) A ~ D 轴侧立面图

图 2-31　两侧立面图

9. 剖面图

某办公楼工程剖面图如图 2-32 所示。

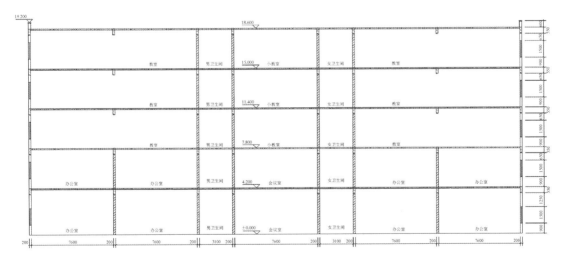

图 2-32　剖面图

10. 基础平面图

某办公楼工程基础平面图如图 2-33 所示。

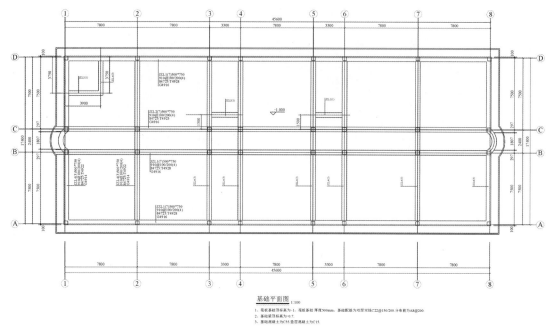

图 2-33 基础平面图

11. -1.000 ～ 18.550m 柱平法平面图

某办公楼工程 -1.000 ～ 18.550m 柱平法平面图如图 2-34 所示。

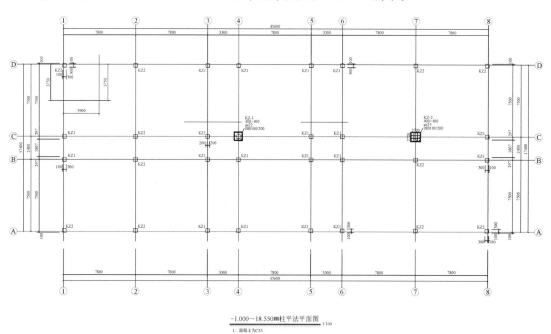

图 2-34 -1.000 ～ 18.550m 柱平法平面图

12. 4.150 ～ 14.950m 梁平法平面图

某办公楼工程 4.150 ～ 14.950m 梁平法平面图如图 2-35 所示。

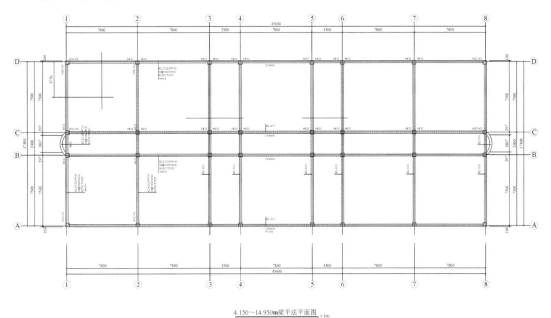

图 2-35　4.50 ～ 14.950m 梁平法平面图

13. 18.550m 梁平法平面图

某办公楼工程 18.550m 梁平法平面图如图 2-36 所示。

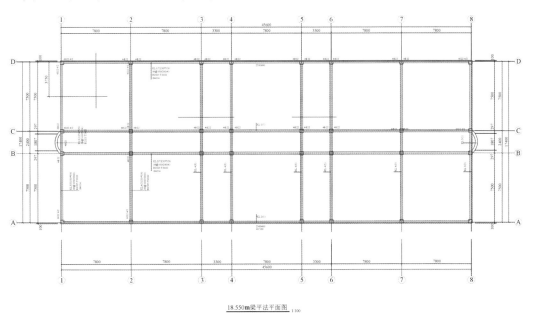

图 2-36　18.550m 梁平法平面图

14. 4.150 ～ 14.950m 板平法平面图

某办公楼工程 4.150 ～ 14.950m 板平法平面图如图 2-37 所示。

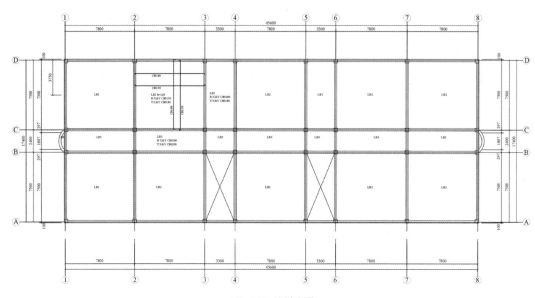

图 2-37　**4.150 ～ 14.950m 板平法平面图**

15. 18.450m 板平法平面图

某办公楼工程 18.450m 板平法平面图如图 2-38 所示。

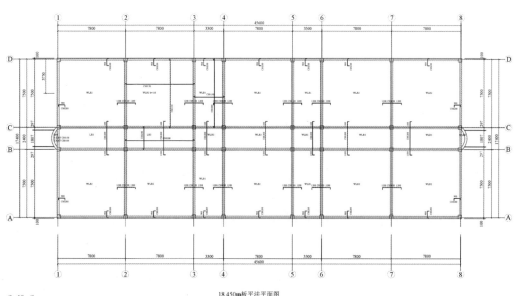

图 2-38　**18.450m 板平法平面图**

16. 楼梯节点图

某办公楼工程楼梯节点图如图 2-39、图 2-40 所示。

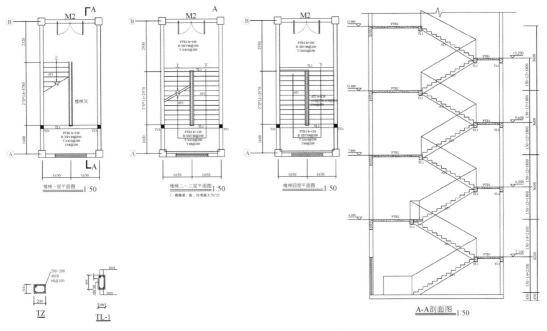

图 2-39　**楼梯节点图（1）**

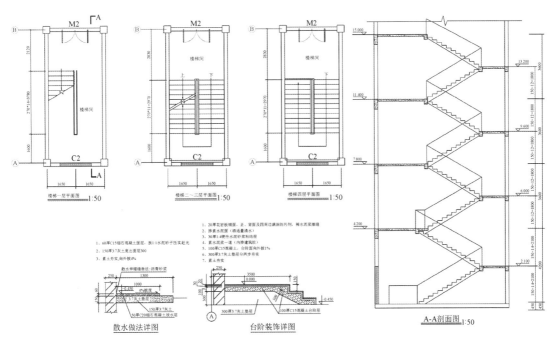

图 2-40　**楼梯节点图（2）**

2.3 创建项目

2.2 节已经建立了标高和轴网的项目定位信息，从本节开始，选择合适的项目样板，设置项目信息，并且保存项目。

2.3.1 选择项目样板

Revit 中自带 4 种项目样板，在很多情况下默认的样板可能不满足使用需求，此时需要按照相对应的项目需要创建新的样板文件。那么如何快速地使用新创建的项目样板，并让这个样板文件与 Revit 自带的样板文件一样，每次打开软件都可以快速使用呢？下面就来讲解一下具体的设置方法。

(1) 单击【应用程序菜单】右下方的【选项】按钮，如图 2-41 所示，打开【选项】对话框并切换至【文件位置】选项卡，如图 2-42 所示。

<table>
<tr><td>图 2-41 单击【选项】按钮</td><td>图 2-42 【文件位置】选项卡</td></tr>
</table>

(2) 安装完成后，软件默认有 4 个样板，单击加号按钮可以添加新的样板快捷使用方式，如图 2-43 所示，单击箭头，可以调整上下位置关系。也可单击【路径】选择相对应的样板文件，如图 2-44 所示 (此时为软件默认样板路径)。

(3) 每个项目的情况不一样，设计建模过程中所使用的构件族也不同，所以使用的项目样板也不一样，提前准备好一个合适的样板，可以为后期的工作带来很多便利。通过学习上文，可以将样板添加至快捷创建项目位置，方便以后使用。

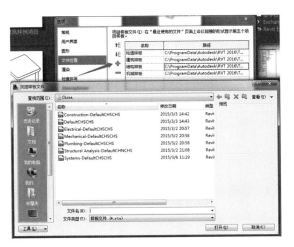

图 2-43　添加新的样板

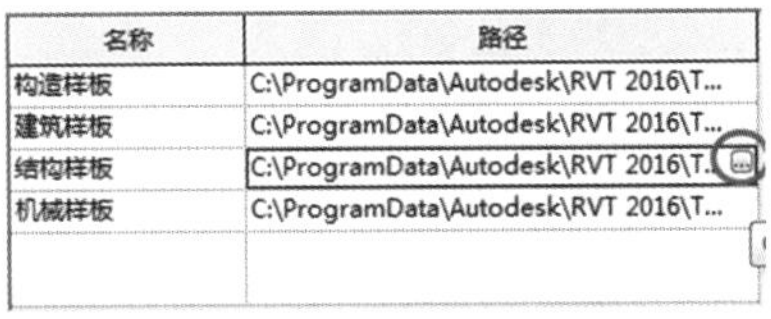

图 2-44　路径添加样板

2.3.2　设置项目信息

前期主要是将图纸中的信息输入到信息表中，如项目名称、进度状态、地点位置等，针对不同设计院的专用项目信息和图纸信息，如项目名称、项目地点这些是通用的，可以在此进行设置，并且能被图纸空间调用，而图纸名称、图纸编号等这些图纸专有信息，需要单独设置，也可以在项目信息部分进行设置。

在功能区的【管理】选项卡中选择【项目信息】命令，打开【项目属性】对话框的项目信息页面，如图 2-45 所示。

2.3.3　保存项目

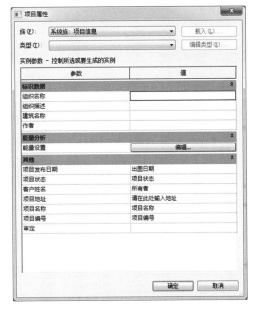

图 2-45　项目信息页面

Revit 如何保存项目及同时保存项目中同类族和所有族呢？在做项目的过程中，有时需要将一个项目中的族使用到其他项目中。下面讲解保存项目与将项目中的族另存供其他项目使用的方法。

保存项目的方法如下。在项目中，单击软件界面左上方的应用程序图标(R)，打开【应用程序菜单】，会看到【保存】命令及【另存为】命令，可以自主选择保存的方式，同时在项目最上方，自定义快速访问工具栏中也有【保存】按钮，如图 2-46 所示，【保存】按钮的快捷键为 Ctrl+S。

在做项目的过程中，有时不需要链接整个项目，只需调用项目中的一个族或者几个族，那么只需将单独的族另存即可，以供其他项目快速调用。

在项目中，单击应用程序图标(R)，打开【应用程序菜单】，选择【另存为】→【库】→【族】命令，如图 2-47 所示。

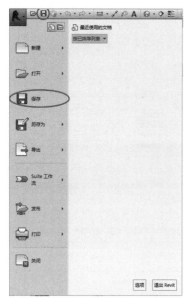

图 2-46　【保存】命令、【另存为】命令　　　　图 2-47　选择【族】命令

在弹出的【保存族】对话框中，在【要保存的族】下拉列表框中选择【所有族】选项，单击【保存】按钮，或选中项目中所需要的同类族，单击【保存】按钮，如图 2-48 所示。

图 2-48　选择族并设置保存路径

模型保存后，会看到保存的模型文件里，附带有 001 或 002 的文件，此为备份文件，格式与模型文件一样，备份文件的数量是可以设置的，单击【选项】按钮，弹出【文件保存选项】对话框，可以设置【最大备份数】，数值不能为 0，如图 2-49 所示。

图 2-49　【文件保存选项】对话框

2.4　实战案例演练

2.4.1　实战案例

别墅项目平面图如图 2-50 所示，其剖面图如图 2-51 所示，试根据 DWG 图创建项目并绘制标高、轴网。

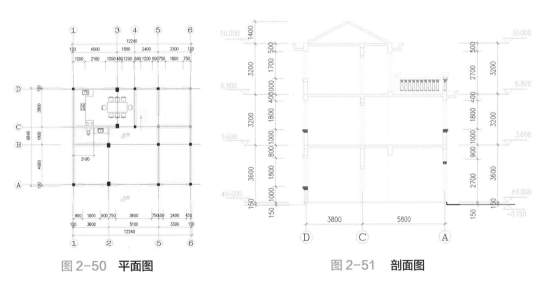

图 2-50　平面图　　　　　　　　　　图 2-51　剖面图

2.4.2 案例解析

(1) 新建项目样板，单击【确定】按钮，如图 2-52 所示。

图 2-52 创建项目样板

(2) 按照图 2-51，在项目浏览器中找到视图 - 立面，在立面中绘制出项目标高，如图 2-53 所示。

图 2-53 绘制标高

(3) 根据图 2-50，在项目浏览器中选择视图 - 楼层平面，在楼层平面中绘制出项目的轴网，如图 2-54 所示 (可以选择插入链接 CAD 拾取图纸上的轴线来绘制)。

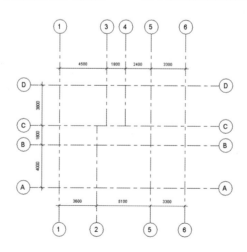

图 2-54 绘制轴网

(4) 保存项目即可。

第 3 章　创建项目模型

【教学目标】

(1) 了解结构柱、结构梁、结构基础。
(2) 了解墙体、门、窗、幕墙、楼梯。
(3) 掌握结构柱、结构梁、结构基础的创建。
(4) 掌握墙体、门、窗、幕墙、楼梯的绘制。
(5) 掌握各种模型参数的修改、材质替换。
(6) 熟悉建筑结构建模操作。

【教学要求】

本章要点	掌握层次	相关知识点
构件的创建	(1) 了解建筑结构设计 (2) 掌握模型创建与绘制	创建模型
模型参数修改、材质替换	(1) 修改模型相关参数，如标高、厚度、长度 (2) 掌握属性材质的创建与替换	属性栏
将所有构件组合	(1) 掌握将所有构件组合成整体 (2) 调整各个构件参数标高 (3) 了解细节优化 (4) 掌握保存项目	Revit 软件

前面已经建立了标高和轴网的项目定位信息。从本节开始，按先结构框架后建筑构件的模式逐步完成项目的土建模型创建。

3.1 创建结构柱

本小节介绍结构柱的创建，在布置结构柱前需要确认已创建结构平面视图，并在【结构】选项卡中完成。Revit 提供了两种柱，即结构柱和建筑柱。建筑柱适用于墙垛、装饰柱等。在框架结构模型中，结构柱是用来支撑上部结构并将荷载传至基础的竖向构件。

3.1.1 载入结构柱族

在 Revit 中，结构柱的形式比较单一，一般与其截面形式和尺寸紧密相关，本小节中柱的截面尺寸设置将是绘制 Revit 结构柱的重中之重。

(1) 打开项目。在【应用程序菜单】中选择【打开】→【项目】命令，在弹出的对话框中选择上一章保存的标高轴网项目，并单击【打开】按钮。

(2) 导入"-1.000 ~ 18.550m 柱平法平面图"。切换一层结构平面图视图，在功能区中选择【插入】→【导入 CAD】→【打开】命令，导入 CAD 底图，并将导入的 CAD 底图与所画的标高轴网对齐，使用移动命令快捷键 M+V 选择底图 CAD 的【1 轴】与【A 轴】交点，对齐所画标高轴网的【1 轴】与【A 轴】交点。完成后，可以观察 CAD 的底图与现有的轴网是否对齐。

(3) 柱在 Revit 中属于可载入族，可以用族样板"公制结构柱 .rft"创建新的结构柱后再载入到项目中，新的结构柱就会出现在类型下拉列表中。需要注意的是，另一个族样板【公制柱】创建的是建筑柱，不会出现在该列表中，选择样板时要注意区分，如图 3-1 所示。

图 3-1 族样板创建结构柱

在 Revit 中，柱的信息库的建立就是 Revit 与其他绘图软件的主要差别，将族作为载体输入尺寸、形状、配筋、颜色、材质等信息，使得模型的建立之中包含了各个构件的信息，达到信息模型一体化。

在做好了准备工作以后，就可以开始绘制框柱 KZ。KZ 的绘制包括两大部分：① 柱信息的输入；② 柱的定位绘制。下面进入实际操作部分。

3.1.2　新建柱类型

建立框架柱 KZ1 信息库。在功能区中选择【结构】→【柱】→【编辑类型】命令，在弹出的【类型属性】对话框中，依次单击【载入】→【结构】→【柱】→【混凝土】→【混凝土－矩形－柱】→【打开】，单击【复制】按钮，输入 KZ1 字样，单击【确定】按钮。在尺寸标注栏中输入 400.0，400.0，结构材质选择混凝土 C35，单击【确定】按钮，如图 3-2 所示。

建立框架柱 KZ2 信息库。在功能区中选择【结构】→【柱】→【编辑类型】命令，在弹出的【类型属性】对话框中，单击【复制】按钮，输入 KZ2 字样，单击【确定】按钮。在尺寸标注栏中输入 400.0，400.0，结构材质选择混凝土 C35，单击【确定】按钮完成操作。虽然 KZ1 与 KZ2 的尺寸都是 400×400，但其配筋不同，还是要按图纸中的标注区分开来，如图 3-3 所示。

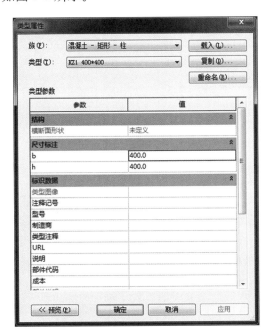

图 3-2　建立框架柱 KZ1

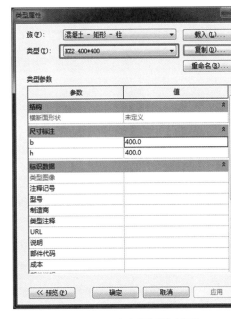

图 3-3　建立框架柱 KZ2

切换至 1F 楼层平面视图。不选择任何图元，Revit 将在【属性】面板中显示当前视图属性，如图 3-4 所示，修改【规程】为【结构】，单击【应用】按钮应用该设置。Revit 使用【规程】用于控制各类别图元的显示方式，Revit 提供建筑、结构、机械、电气、卫浴和协调共 6 种规程。在结构规程中会隐藏【建筑墙】、【建筑楼板】等非结构图元，而【墙饰条】、【幕墙】等图元不会被隐藏。

图 3-4　修改规程

3.1.3　创建垂直结构柱

　　信息库建完以后，将进入柱的定位绘制阶段。在此阶段，设计师需要
注意柱的定位、标高、高度等信息的表现形式。

　　在功能区中选择【结构】→【柱】命令，进入结构柱放置模式。自动
切换至【修改 | 放置结构柱】选项卡，如图 3-5 所示 (在【建筑】选项卡的【柱】
下拉菜单中，也提供了【结构柱】选项，其功能及用法与【结构】选项卡的【柱】
命令相同)。

柱子 .mp4

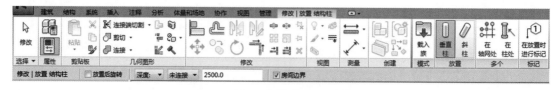

图 3-5　【修改 | 放置结构柱】选项卡

　　在 Revit 中，结构构件默认放置为【深度】，如图 3-6 所示，即以当前楼层为基准，
向下绘制，当将选项栏【深度】参数改为【高度】时，则表示以当前层为基准，向上绘制。
可以在此处修改设置，也可以等柱子放置完成后，再来调整柱子的位置。

图 3-6　结构柱选项栏设置

　　根据导入的 CAD 底图，将鼠标指针移动至需要放置柱子的位置，单击放置柱子，也可按快捷键 C+L(绘制结构柱)，在属性列表中选择【混凝土 - 矩形 - 柱】柱类型，选择 KZ1 框柱，然后选择【高度】→ F2 选项，如图 3-7 所示，最后将 KZ1 绘制在柱定位处，如图 3-8 所示。

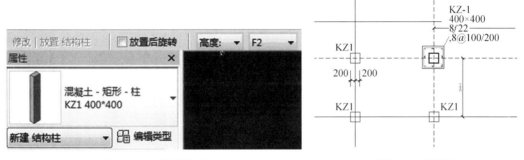

图 3-7　柱放置设置　　　　　　　　　图 3-8　放置柱子

　　KZ1 绘制完毕后，接着按相同的方法绘制 KZ2，绘制完成之后，平面图如图 3-9 所示，三维视图结构柱完成效果如图 3-10 所示。

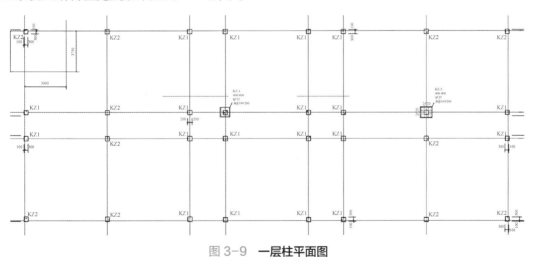

图 3-9　一层柱平面图

　　因为导入的 "-1.000 ~ 18.550m 柱平法平面图" 底部标高为 -1.000m，而现在所画的结构柱底部标高为 0，所以需要整体调整所有 KZ1、KZ2 的底部标高至 -1.000m。在三维视图中框选所有结构柱，将【底部偏移】修改为 -1000.0，单击【应用】按钮，如图 3-11 所示。

　　最后可以在功能区中选择【注释】选项卡的【高程点】工具查看底部标高和顶部标高是否与图纸中要求的相同，如图 3-12 所示，与图纸设计标高一致则一层柱部分绘制完毕。

图 3-10　三维视图结构柱完成效果

图 3-11　设置底部标高

要对柱进行编号标注，转换到平面视图，从 Revit 自带的族库中【注释】|【标记】|【结构】目录下选择【标记_结构柱】族文件载入项目中，如图 3-13 所示。在功能区中选择【注释】→【全部标记】命令，弹出【标记所有未标记的对象】对话框，如图 3-14 所示，在【结构柱标记】下拉列表框中选择刚刚载入的【标记_结构柱】类型，单击【确定】按钮。

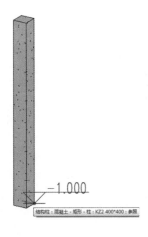

图 3-12　高程点查看标高

图 3-13　载入结构柱标记族

图 3-14 选择结构柱标记

3.1.4 创建倾斜结构柱

垂直柱创建完毕之后，可以满足一般设计要求的使用，但有时也会遇到倾斜结构柱的情况，那么接下来一起绘制倾斜结构柱。

创建倾斜结构柱，在功能区中选择【结构】→【柱】命令，进入结构柱放置模式。自动切换至【修改 | 放置结构柱】选项卡，选择【斜柱】命令，如图 3-15 所示。

选择斜柱之后，在选项栏中会有【第一次单击】选项和【第二次单击】选项，我们将【第一次单击】设置为 F1，【第二次单击】设置为 F2，单击第一次时就可以设置斜柱的长度和角度，长度和角度设置完成后单击第二次，这样一个斜柱即绘制完毕，如图 3-16 所示。可以在三维视图中看到所画的斜柱。

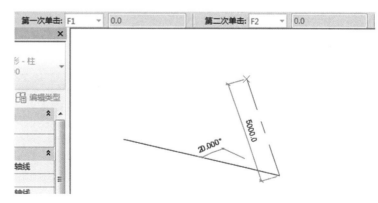

图 3-15 选择【斜柱】命令   图 3-16 绘制斜柱

3.2 创建结构梁

Revit 提供了梁系统和梁两种创建结构梁的方式。使用梁时必须载入相关的梁族文件，如矩形梁。本节以创建结构梁和倾斜梁为例，学习梁的使用方法。

3.2.1 创建水平梁

梁在 Revit 中属于可载入族，可以用族样板【公制结构框架 - 梁和支撑 .rft】创建新的族再载入到项目中，新族会出现在【梁】和【支撑】的类型下拉列表中。本例中梁为混凝土矩形梁，可直接用样板自带的族类型复制得到。

梁 .mp4

（1）打开项目。进入要绘制梁的平面视图，在功能区的【结构】选项卡中选择【梁】命令，在【属性】面板中单击【编辑类型】，单击【载入】按钮，找到【混凝土 - 矩形梁】并打开，在尺寸标注栏中输入 250.0，550.0，结构材质选择混凝土 C35（本例中 KL2、KL3、KL4、KL5 的尺寸均为 250.0mm，550.0mm。结构材质选择混凝土 C35，复制创建各个 KL 类型），单击【确定】按钮完成该新类型的创建，如图 3-17 所示。

图 3-17　建立矩形框 KL1

（2）导入"4.150 ~ 14.950m 梁平法平面图"CAD。切换至结构平面图 F1，在功能区中选择【插入】→【导入 CAD】→【打开】命令，导入 CAD 底图，并将导入的 CAD 底图与所画的标高轴网对齐，使用移动命令快捷键 M+V 选择底图 CAD 的【1 轴】与【A 轴】交点，对齐所画标高轴网的【1 轴】与【A 轴】交点。完成后，可以观察 CAD 的底图与现有的轴网是否对齐。

（3）在绘图区域中选择已经载入的【混凝土 - 矩形梁】，单击起点和终点以绘制梁，注意结构用途选项，结构用途有大梁、水平支撑、托梁、其他、檩条，此处选择大梁，如图 3-18 所示。绘制时，光标会捕捉到结构柱或结构墙等结构构件，以便于放置，如图 3-19 所示。

图 3-18　梁选项栏设置

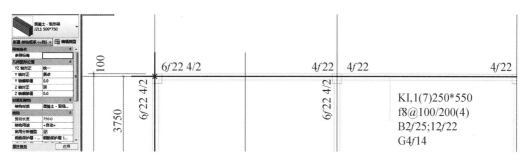

图 3-19　绘制梁

注意，在绘制 KL1 与 KL2 时，其中有一段梁的尺寸略有不同，需要重新创建一个 250mm × 600mm 的矩形梁，更新在图中，如图 3-20 所示。

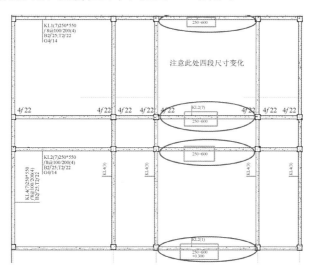

图 3-20　尺寸不一样的梁

梁绘制完毕后，平面图如图 3-21 所示，梁三维视图效果如图 3-22 所示。

须对梁进行编号和尺寸标注，在功能区中选择【注释】→【全部标记】命令，弹出【标

记所有未标记的对象】对话框，如图 3-23(a)、(b) 所示，在【结构框架标记】右侧下拉列
表框中选择【结构框架标记：标准】，单击【确定】按钮。如果没有该选项，请选择在系
统自带的族库中载入。

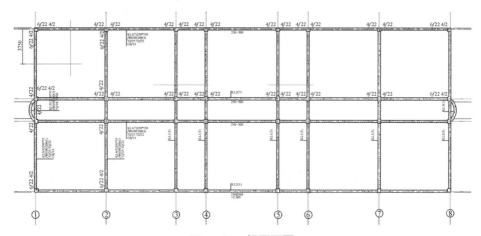

图 3-21　梁平面图

图 3-22　梁三维视图效果

(a)　全部标记

(b)　选择梁标记

图 3-23　标记所有未标记的对象

3.2.2 创建倾斜梁

梁创建完毕之后，可以满足一般设计要求的使用，但有时也会遇到倾斜梁的情况，接下来一起绘制倾斜梁。

先绘制一个普通梁，梁绘制好后，可在【属性】面板中对其位置进行修改，在【起点标高偏移】和【终点标高偏移】中可分别设置梁两端相对【参照标高】的偏移值，也可输入不同的偏移值来创建斜梁，如图 3-24 所示。

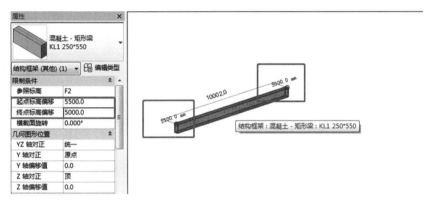

图 3-24　倾斜梁

对于横截面有旋转角度的梁，可通过修改【横截面旋转】中的角度来实现。

3.3　创建结构基础

Revit 提供 3 种基础形式，分别是条形基础、独立基础、基础底板，用于生成建筑不同类型的基础，本节为读者讲解独立基础和其他基础的创建方法。

3.3.1 创建独立基础

下面介绍如何创建独立基础。

在功能区中选择【结构】→【独立基础】命令，由于当前项目所使用的项目样板中不包含可用的独立基础族，因此弹出提示框【是否载入结构基础族】，单击【是】按钮，从系统自带结构基础族库中选择所需要的基础族，如图 3-25 所示，选择好后单击【打开】按钮。

Revit 将自动切换至【修改 | 放置独立基础】选项卡。选择【在柱处】命令，如图 3-26 所示，在该模式下，Revit 允许用户拾取已放置于项目中的结构柱。框选视图中所有结构柱，Revit 将显示基础放置预览，单击完成结构柱的选择。注意：独立基础仅可以放置在结构柱图元下方，不可以在建筑柱下方生成独立基础。

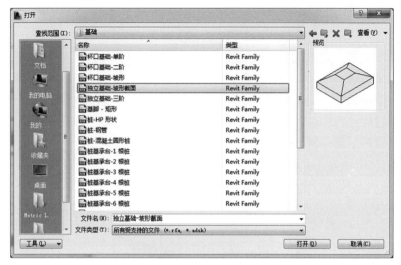

图 3-25　载入基础族

图 3-26　选择【在柱处】命令

Revit 将自动在所选择结构柱底部生成独立基础，如图 3-27 所示，并将基础移动至结构柱底部。当基础尺寸不相同时，可以使用图元【属性】面板编辑基础的长度、宽度、阶高、材质等，也可以通过类型选择器切换其他尺寸规格类型。

3.3.2　创建其他基础

以筏板基础底板为例，按照图纸要求绘制筏板基础及基础梁，该图纸要求如图 3-28 所示。

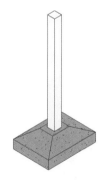

图 3-27　在柱处生成独立基础

(1) 导入【基础平面图】CAD。切换至结构平面图 F1，在功能区中选择【插入】→【导入 CAD】→【打开】命令，导入 CAD 底图，并将导入的 CAD 底图与所画的标高轴网对齐，使用移动命令快捷键 M+V 选择底图 CAD 的【1 轴】与【A 轴】交点，对齐所画标高轴网的【1 轴】与【A 轴】交点。完成后，可以观察 CAD 的底图与现有的轴网是否对齐。

(2) 在绘图区域选择【结构】选项卡中的【楼板 - 结构楼板】，单击编辑类型，按照图纸更改楼板厚度，复制，更改名称为【筏板基础 500】，在【结构】编辑栏中，修改筏板厚度为 500.0，如图 3-29 所示。修改后单击【确定】按钮，返回【类型属性】对话框，单击【应用】按钮，如图 3-30 所示。

<u>基础平面图</u> 1:100

1、<u>筏板基础顶标高为-1, 筏板基础 厚度500mm.</u> 基础配筋为双层双线C22@150/200.分布筋为A8@200.
2、<u>基础梁顶标高为-0.7.</u>
3、<u>基础混凝土为C35.垫层混凝土为C15.</u>

图 3-28　基础平面图设计要求

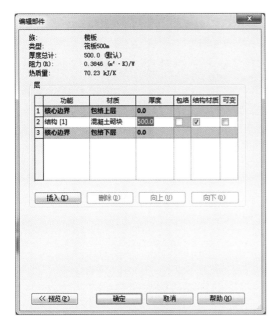

图 3-29　设置筏板厚度

图 3-30　【类型属性】对话框

(3) 绘制筏板基础, 沿着 CAD 图纸边际绘制, 并将【自标高的高度偏移】设置为 –1000.0, 如图 3-31 所示。

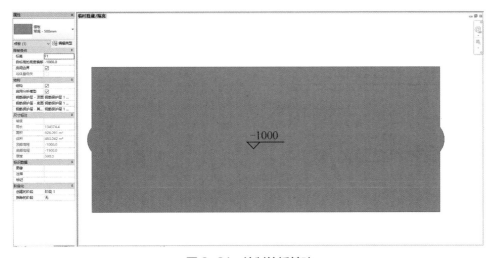

图 3-31　绘制筏板基础

(4) 进入要绘制梁的平面视图, 在功能区的【结构】选项卡中选择【梁】命令, 在【属性】面板中单击【编辑类型】, 单击【载入】按钮, 找到【混凝土 - 矩形梁】并打开, 在尺寸标注栏中输入 500.0，750.0(结构材质选择混凝土 C35，本例中 JZL1、JZL2、JZL3、JZL4 的尺寸均为 500.0×750.0。结构材质选择混凝土 C35，复制创建各个 JZL 类型)，单击【确定】按钮完成该新类型的创建，如图 3-32 所示。

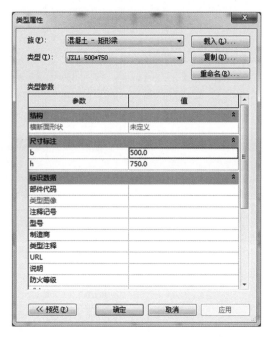

图 3-32　建立 JZL1

(5) 绘制基础梁，在绘图区域中选择已经创建的【混凝土 - 矩形梁 -JLK】，单击起点和终点以绘制梁，基础梁顶标高为 –700.0，绘制后的效果如图 3-33 所示。绘制完成后的三维视图如图 3-34 所示。

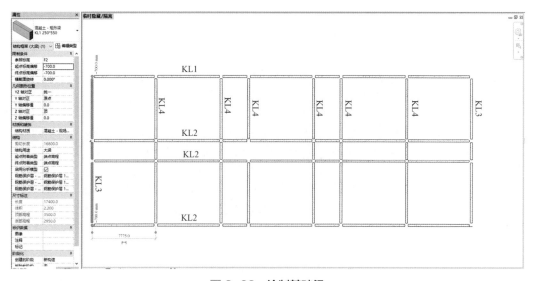

图 3-33　绘制基础梁

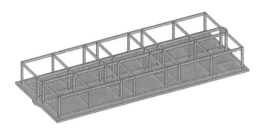

图 3-34　筏板基础的三维视图

3.4　创建墙体

进行墙体的绘制时，需要根据墙的用途及功能，如墙体的高度、墙体的构造、立面显示、内墙和外墙的区别等，分别创建不同的墙类型，本节为读者介绍创建墙体的主要流程。

3.4.1　创建常规墙体

Revit 的墙体设计非常重要，它不仅是建筑的分隔主体，而且也是门窗、墙饰体与分割线、卫浴灯具等设备的承载主体。墙体构造层设置及其材质设置，不仅影响着墙体在三维、透视和立面透视中的外观表现，更直接影响着后期施工图设计中墙体大样节点详图等视图中墙体截面的显示。Revit 提供了墙工具，用于绘制和生成墙体对象。Revit 中墙体属于系统族，可以 指定的墙体结构参数定义生成三维墙体模型，其提供了基本墙、幕墙和叠层墙 3 种不同的墙族。在 Revit 中创建墙体时，首先需定义好墙类型——包括墙命名、墙厚、材质、做法、功能等，再确定墙体的平面位置、高度等参数。

墙绘制 .mp4

按照图纸要求绘制墙体。

(1) 外墙：正负零以上均为 200 厚加气混凝土砌块墙及 50 厚聚苯颗粒保温复合墙体。

(2) 外墙：正负零以下均为 200 厚烧结普通砖墙体。

(3) 内墙均为 200 厚加气混凝土砌块墙砖墙体。

(4) 屋顶女儿墙采用 240 厚砖墙。

(5) 墙体砂浆砌块墙体、砖墙均采用 M5 水泥砂浆砌筑。

(6) 墙体护角：在室内所有门窗洞口和墙体转角的凸阳角用 1∶2 水泥砂浆做 1.8m 高护角，两边各伸出 80mm。

3.4.2　墙体修改与编辑

(1) 导入【一层平面图】CAD。切换至结构平面图 F1，在功能区中选择【插入】→【导入 CAD】→【打开】命令，导入 CAD 底图，并将导入的 CAD 底图与所画的标高轴网对齐，

使用移动命令快捷键 M+V 选择底图 CAD 的【1 轴】与【A 轴】交点，对齐所画标高轴网的【1 轴】与【A 轴】交点。完成后，可以观察 CAD 的底图与现有的轴网是否对齐。

(2) 在功能区中选择【建筑】→【墙】→【墙：建筑】命令，也可以直接按 W+A 快捷键。选择编辑类型。在【属性】面板中单击【基本墙】→【常规 200mm】命令 (注意当前列表下有 3 种墙族，即叠层墙、基本墙、幕墙)，选择【复制】命令，新建一个名称为【砌体墙 -250】的墙体，进入结构编辑设置墙体结构，如图 3-35 所示。设置完成后单击【确定】按钮，类型属性设置如图 3-36 所示。

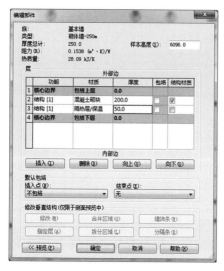

图 3-35　设置墙体结构

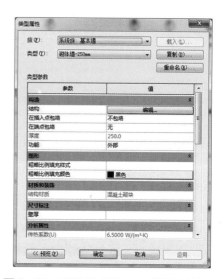

图 3-36　砌体墙 -250mm 类型属性设置

新建一个名称为【砌体墙 -200】的墙体，进入结构编辑设置墙体结构为 200mm 厚混凝土砌块，如图 3-37 所示。

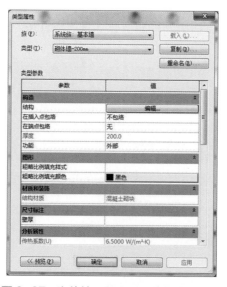

图 3-37　砌体墙 -200mm 类型属性设置

3.4.3　绘制墙体

选择【建筑】→【墙】→【墙：建筑】命令，功能选项卡自动跳转为【修改 | 放置墙】，且【绘制】面板默认选择【直线】命令，表示可以绘制直行墙，如要绘制弧形墙，则选择【绘制】菜单中的【弧形】命令即可。

在【属性】面板的【类型】下拉列表框中选择合适的墙体类型，如创建的【砌体墙 -200】，并可在属性栏中对当前绘制的墙体设置限制条件，如图 3-38 所示。

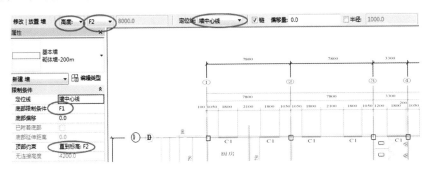

图 3-38　对墙体的限制条件

绘制完成后的效果如图 3-39 所示，三维视图如图 3-40 所示。

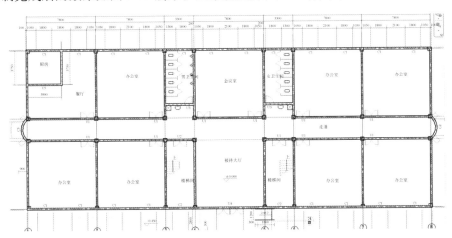

图 3-39　一层墙平面图

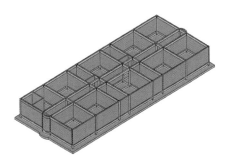

图 3-40　一层墙三维视图

3.5 创建门、窗、幕墙

门、窗是建筑物的两个重要的围护部件。门在房屋建筑中的作用主要是交通联系，兼采光和通风；窗的作用主要是采光、通风及眺望。在设计门窗时，必须根据有关规范和建筑的使用要求来决定其形式及尺寸大小，并符合现在行业的要求，以降低成本和适应建筑工业化生产的需要。

窗的设置和构造要求主要有以下几个方面：满足采光要求，必须有一定的窗洞口面积；满足通风要求，窗洞口面积中必须有一定的开启扇面积；开启灵活、关闭紧密，能够方便使用和减少外界对室内的影响；坚固、耐久，保证使用安全；符合建筑立面装饰和造型要求，必须有适合的色彩及窗洞口形状；同时必须满足建筑的某些特殊要求，如保温、隔热、隔声、防水、防火、防盗等要求。

门的设置和构造要求主要是满足交通和疏散要求，必须有足够的宽度和适宜的数量及位置，其他方面要求基本与上述窗的设置和构造要求相同。

在 Revit 中，门、窗必须基于墙才能放置，墙体创建完成后，就可以开始放置门窗了，门、窗属于可载入族，可以从现有的族库中选择合适的族文件，载入到项目中使用，也可以基于门窗的族样板定制门窗族。

3.5.1 创建门

门按其开启方式通常有平开门、弹簧门、推拉门、折叠门、转门、升降门、卷帘门、上翻门等。这些类型的构件，在 Revit 中提供了一些族，可供设计者随时调用。

门.mp4

在功能区中选择【建筑】→【门】→【编辑类型】→【载入族】命令，在弹出的【载入族】对话框中，找到 Revit 自带的族库，在【建筑/门】目录下选中需要的门，单击【打开】按钮即可将门载入到项目中，在类型属性中复制选中的门，将其名称改为【M1_1500×2100】，表示这个为图纸中的 M1 门，并在尺寸标注栏中修改宽度为 1500.0，高度为 2100.0，单击【确定】按钮完成设置，如图 3-41 所示。

将光标移动至绘图区域，当光标处于视图空白处时，无法放置门，必须将光标移动至墙位置，光标显示十字符号，并出现该门轮廓预览，表示此处可以放置门，如图 3-42 所示。

放置时，出现门扇位置反向，单击空格键可以调整门扇方向，并移动光标至合适的位置，单击，即完成放置。

选中放置好的门，门四周会出现两个转换符号和临时尺寸，如图 3-42 所示，可以单击转换符号来调整门的开启方向，也可以直接单击空格键来调整，单击并拖动临时尺寸标注的圆点可以调整门的位置，也可以单击临时尺寸数值，输入数值来修改门的位置。

一层门绘制完成，如图 3-43 和图 3-44 所示。

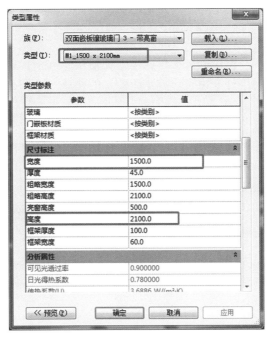

图 3-41　门参数设置

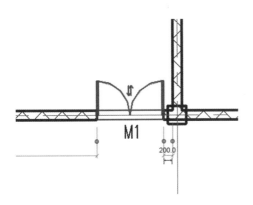

图 3-42　门放置

图 3-43　一层门

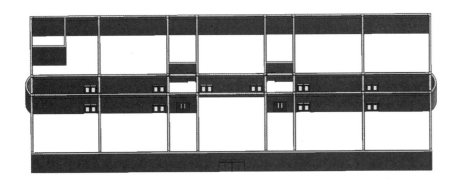

图 3-44　一层门完成效果图

3.5.2 创建窗

窗是建筑构造物之一。窗扇的开启形式应方便使用、安全、易于清洁。公共建筑宜采用推拉窗和内开窗，当采用外开窗时应有牢固窗扇的措施。开向公共走道的窗扇，其底面高度应不低于 2m，窗台高度低于 0.8m 时应采取保护措施。

创建窗的方法与门类似，在一层平面图中选择【建筑】选项卡中的【窗】命令，在属性栏的类型下拉列表框中，选择适合图纸要求的窗族，本案例项目 C1 的窗台高度为 900mm，将底高度设置为 900。

将光标移至需要放置窗的墙体，与放置门的方法一样，当光标显示为十字符号时，单击放置即可，如图 3-45 所示；立面窗户如图 3-46 所示；一层门窗平面图绘制完成，如图 3-47 所示。

窗 .mp4

图 3-45 放置窗户

图 3-46 立面窗户

图 3-47 一层门窗平面图

3.5.3 创建幕墙

在 Revit 中，幕墙由幕墙嵌板、幕墙网格、幕墙竖梃组成，如图 3-48 所示，幕墙嵌板是构成幕墙的基本单元，幕墙由一块或者多块幕墙墙板组成。幕墙网格决定了幕墙嵌板的大小、数量。幕墙竖梃为幕墙龙骨，是沿幕墙网格生成的线性构件。

幕墙 .mp4

幕墙的创建方式与墙基本一致，但是幕墙是以玻璃材质为主。在 Revit 建筑样板中，包含 3 种基本样式：幕墙、外部玻璃、店面，如图 3-49 所示。其中，幕墙没有网格和竖梃，外部玻璃包含预设网格，店面包含预设网格和竖梃。

在平面中绘制玻璃幕墙的步骤如下。

(1) 在功能区中选择【建筑】→【墙】命令，在墙属性栏中选择【幕墙】。

(2) 属性栏设置幕墙底部标高与顶部标高，有偏移量的调整偏移量。

(3) 按照 CAD 底图，沿着轴线绘制一段玻璃幕墙。

(4) 从创建好的幕墙中添加网格和竖梃，在功能区中选择【建筑】→【幕墙网格】命令，在【修改 | 放置幕墙网络】选项卡中选择【全部分段】命令，如图 3-50 所示，在立面图

中选择适当位置，单击，可以创建一个网格，网格创建完毕之后，可以在网格的基础上添加竖梃，在功能区中选择【建筑】→【竖梃】命令，显示【修改｜放置竖梃】选项卡，选择【全部网格线】命令，如图 3-51 所示，在立面图中单击幕墙上的网格之后，就会生成竖梃，从三维视图中查看所创建的幕墙网格和竖梃。

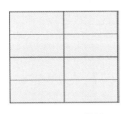

图 3-48　幕墙

图 3-49　幕墙基本样式

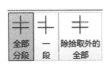

图 3-50　选择【全部分段】命令

图 3-51　选择【全部网格线】命令

绘制完成的幕墙如图 3-52 所示。

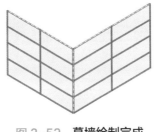

图 3-52　幕墙绘制完成

3.6　创建楼板、屋顶、坡道

楼板是建筑物中重要的水平构件，起到划分楼层空间的作用，Revit 提供了 4 个楼板命令：建筑楼板、结构楼板、面楼板和楼板边缘。楼板和结构楼板的使用方式相同，可以在草图模式下通过拾取墙或使用【线】工具绘制封闭轮廓，沿所选择的楼板边缘放样生成的带状图元，屋顶的使用方式与楼板类似。

楼板 .mp4

3.6.1　创建楼板

在 Revit 中，现浇混凝土楼板是系统族。不需要预先建族，只需要在绘制过程中对楼板的材质与厚度等参数进行设置，具体步骤如下。

在功能区中选择【建筑】→【楼板】命令，依次单击【楼板：建筑楼板】→【编辑类型】→【复制】，复制出一个厚度为 100.0mm 的楼板，并将其名称改为【楼板100】，单击【确定】按钮完成设置，如图 3-53 所示。

图 3-53　设置楼板参数

绘制楼板，单击【矩形】工具(也可选择【拾取线】命令、【直线】命令等)，绘制一层楼板，调整顶标高为 F1，偏移量为 0，单击【确定】按钮，完成绘制，如图 3-54 所示。

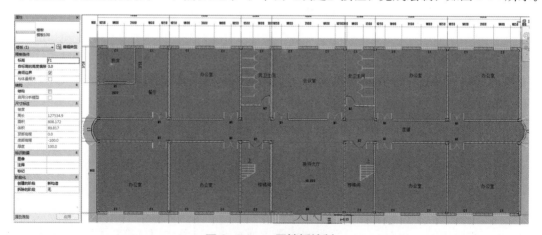

图 3-54　一层楼板绘制

在绘制现浇混凝土板时，要注意偏移量的设置，而且楼板的边界要在梁的内部，因为楼板是架在梁上的，所以绘图必须根据实际情况进行绘制。

(1) 未标注的板厚均为 100mm，混凝土为 C30。

(2) 卫生间板顶标高比层顶标高低 100mm。

本项目中要注意以下几处。

(1) 在绘制楼板时，注意观察，大部分区域是 100mm 厚的楼板，但是在二楼及二楼以上部分，如图 3-55 所示，LB2 的厚度为 120mm，需要对该区域 LB2 楼板厚度进行统一调整。

(2) 在绘制卫生间板时，卫生间板顶标高比层顶标高低 100mm，在绘制 LB1(LB1 为卫生间区域) 时需要注意。

(3) 楼梯间需要开洞，不需要绘制楼板，接下来我们依次绘制 LB1、LB2、LB3，如图 3-56 ～图 3-58 所示。

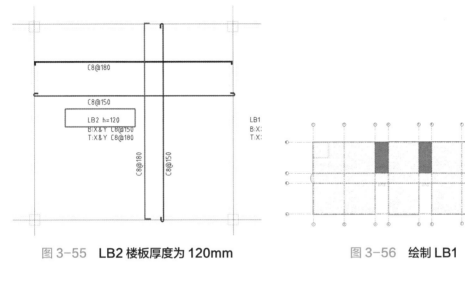

图 3-55　**LB2 楼板厚度为 120mm**　　　　　图 3-56　**绘制 LB1**

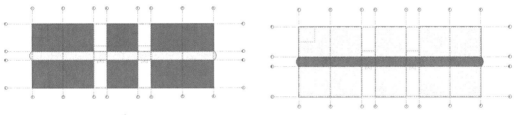

图 3-57　**绘制 LB2**　　　　　　　　图 3-58　**绘制 LB3**

所有的楼板绘制完成之后，三维视图效果如图 3-59 所示。

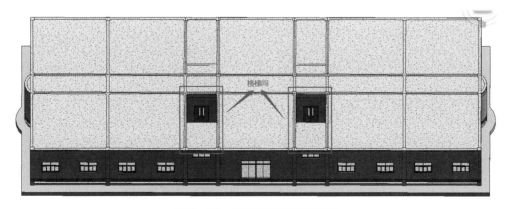

图 3-59　**楼板的三维视图效果**

3.6.2 创建屋顶

对于平屋顶 Revit 的建模方式可以与楼板一样，在项目中不再划分屋顶的建筑部分和结构部分，将屋顶统一按照建筑专业模型进行绘制。

Revit 有 3 种方式创建屋顶：拉伸屋顶、面屋顶、迹线屋顶。

其中，拉伸屋顶是通过绘制一个屋顶界面轮廓拉伸而形成的屋顶；面屋顶主要用于体量中，创建一些异型屋顶时会用到；迹线屋顶是通过拾取屋顶的边界线，定义坡度来创建屋顶的，本案例就是用【迹线屋顶】工具来创建屋顶。

从图纸中看出，屋顶的标高为 18.6mm，所以我们在楼层平面 F6 中，也是就 5 楼楼顶绘制屋顶。在功能区中选择【建筑】→【屋顶】→【迹线屋顶】命令，自动跳转到【修改|创建屋顶迹线】选项卡，在【绘制】面板中提供多种绘制工具，如图 3-60 所示。

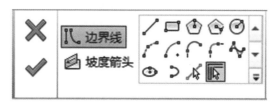

图 3-60 【绘制】面板

迹线屋顶的创建方法和楼板类似，执行【迹线屋顶】命令后，会自动进入到边界绘制模式。注意，当绘制的屋顶无坡度时，要在绘制前将其选项栏上的【定义坡度】取消勾选；反之，若创建的是坡屋顶，就要勾选【定义坡度】，并在选中边界线后显示出的三角形符号中设置需要的坡度即可生成需要的屋顶，如图 3-61 所示。

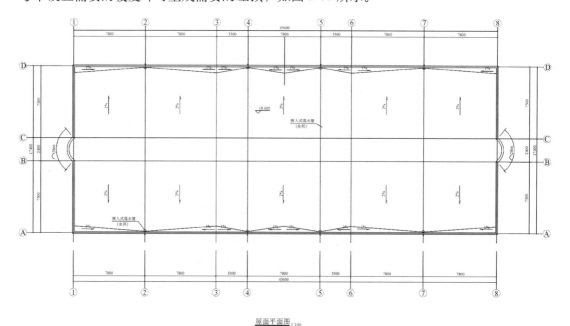

屋面平面图 1:100

图 3-61 屋面平面图

3.6.3　楼板放坡和创建坡道

通常定义楼板的坡度有两种：① 画好楼板后进行子图元编辑；② 在画楼板边界时直接进行坡度定义，前者有个缺陷，就是当一块板某一边是由多条线段组成时，我们用修改子图元的方法就会出现楼板起折线的情况，而后者就能很好地解决了这一问题，当然实际运用中各有各的优势，缺一不可。

坡道.mp4

1. 方法一：子图元编辑

单击楼板选择建筑楼板，并且创建一个楼板，单击【修改｜屋顶】选项卡中的添加点、添加分割线功能来实现楼板的放坡，如图 3-62 所示，单击修改子图元可进入三维视图中进行高度编辑，根据需要进行调整，如图 3-63 所示。

图 3-62　【修改｜屋顶】选项卡

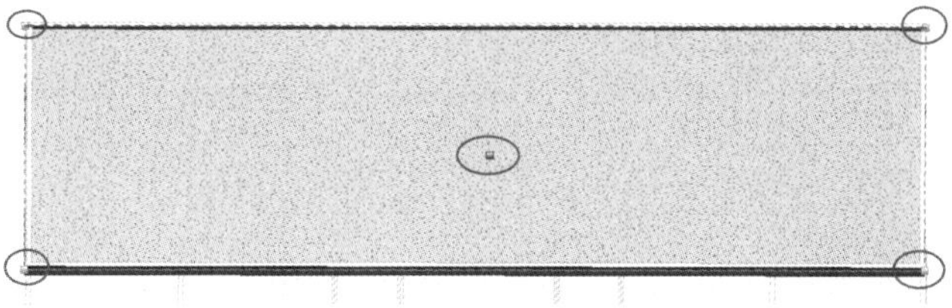

图 3-63　修改子图元

2. 方法二：绘制坡道

单击楼板选择建筑楼板，并且创建一个楼板，单击【修改 / 楼板】工具栏中的【坡度箭头】按钮，如图 3-64 所示。画一条坡度箭头，并设置头尾高度，单击【确定】按钮，如图 3-65 所示。

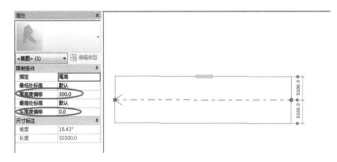

图 3-64　单击【坡度箭头】按钮

图 3-65　绘制坡道

3.7　创建楼梯、栏杆扶手

楼梯.mp4t

Revit 中提供了楼梯、扶手等工具，用于在项目中创建楼梯和扶手构件，本节将通过创建楼梯、扶手等构件，详细介绍这些构件的创建及编辑方式。

3.7.1 创建楼梯

楼梯作为建筑物中楼层间垂直交通的重要构件，用于楼层之间和高差较大时的交通联系。在设有电梯、自动梯作为主要垂直交通手段的多层和高层建筑中，也要设置楼梯。高层建筑尽管采用电梯作为主要的垂直交通工具，但仍然要保留楼梯供火灾及紧急情况时疏散使用。楼梯由连续的梯段（又称梯跑）、平台（休息平台）和围护构件等组成。楼梯的最低和最高一级踏步间的水平投影距离为梯长，梯级的总高为梯高。

楼梯按梯段可分为单跑楼梯、双跑楼梯、多跑楼梯、剪刀楼梯、螺旋转梯等。梯段的平面形状有直线的、折线的和曲线的。单跑楼梯最简单，适合于层高较低的建筑；双跑楼梯最常见，有双跑直上、双跑曲折、双跑对折（平行）等，适用于一般民用建筑和工业建筑；三跑楼梯有三折式、丁字式、分合式等，多用于公共建筑；剪刀楼梯是由一对方向相反的双跑平行梯组成，或由一对互相重叠而又不连通的单跑直上梯构成，剖面呈交叉的剪刀形，能同时通过较多的人流并节省空间；螺旋转梯是以扇形踏步支承在中立柱上，虽行走欠舒适，但节省空间，适用于人流较少、使用不频繁的场所；圆形、半圆形、弧形楼梯，由曲梁或曲板支承，踏步略呈扇形，花式多样，造型活泼，富有装饰性，适用于公共建筑。

通常情况下，我们将楼梯放在建筑模型中。在 Revit 中，楼梯属于系统族，可以通过系统提供的【楼梯】命令得到。

(1) 楼梯的创建模式。楼梯的创建一般有两种方式，在功能区中选择【建筑】→【楼梯】命令，在下拉菜单中出现两种楼梯创建方式，即【按构件】和【按草图】。【按构件】方式是通过编辑【梯段】、【平台】和【支座】来创建楼梯的，该方式预设了几种梯段样式可以选择。【按草图】方式是通过编辑【梯段】、【边界】和【踢面】的线条来创建楼梯的，在编辑状态下，可以通过修改绿色边界线和黑色梯面线来编辑楼梯样式，形式比较灵活，可以创建很多形状各异的楼梯。

(2) 进入首层平面，导入 CAD 底图。在功能区中选择【插入】→【导入 CAD】命令，将 "一层平面图" 文件导入到项目的平面中，并将导入的 CAD 底图与所画的标高轴网对齐，使用移动命令快捷键 M+V 选择底图 CAD 的【1 轴】与【A 轴】交点，对齐所画标高轴网的【1 轴】与【A 轴】交点。完成后，可以观察 CAD 的底图与现有的轴网是否对齐。

(3) 绘制竖直参照平面。按 R+P 快捷键绘制参照平面，与最左边墙线对齐绘制一条参照平面线。绘制完成后，选择参照平面线端点的夹点向上拖曳，以延伸参照平面线，如图 3-66 所示。复制竖直参照平面。选择参照平面线，按 C+O 快捷键，向左复制，输入距离 1440 个单位，按 Enter 键。同理，按尺寸依次向左再复制两根参照线，距离为 220、1440。

(4) 绘制踏步的参照平面。按 R+P 快捷键绘制参照平面，对齐第一条楼梯线，绘制参照线。测量踏板深度尺寸，按 D+I 快捷键测量楼梯实际踏板深度，测得踏板深度为 270mm，如图 3-67 所示，测量完成后按 Esc 键完成操作。阵列水平参照平面。选择第一条参照线，按 A+R 快捷键，取消对【成组并关联】的勾选，项目数输入 11 个（因为此处有 11 级台阶），选择【约束】选项，若不选择，较难控制参照线按竖直方向阵列，向上输入偏移 270 个单位。

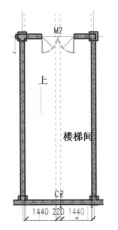

图 3-66　**绘制竖直参照平面**

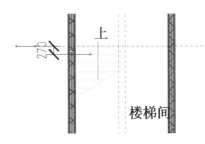

图 3-67　**测量踏步尺寸**

　　(5) 构建楼梯,在功能区中选择【建筑】→【楼梯】→【楼梯(按构件)】命令,在激活的【修改|创建楼梯】选项卡中选择【直梯】命令,然后进入楼梯的绘制模式,同时在【属性】对话框中选择类型为【组合楼】,新建组合楼梯类型。单击【编辑属性】按钮,在弹出的【类型属性】对话框中,单击【复制】按钮,出现名称修改框,将名称【190mm最大踢面250mm梯段】修改为【室内楼梯】,最后单击【确定】按钮,即完成新建楼梯类型,如图 3-68 所示。

　　(6) 设置楼梯尺寸及位置。在属性面板中通过设置【底部标高】为 F1,【底部偏移】为 0.0,【顶部标高】为 F2,【顶部偏移】为 0.0,来确定楼梯的起始高度和终止高度。通过设置【所需踢面数】为 22 个,从而可以调整【实际踢面高度】(程序自动计算),同时调整【实际踏板深度】为 270.0,如图 3-69 所示,【实际梯段宽度】为 1440.0,并且选中【自动平台】复选框,只有选中该复选框,画好的楼梯才会自动生成楼梯的休息平台,如图 3-70 所示。

图 3-68　**新建楼梯类型**

图 3-69　**楼梯实际尺寸及位置**

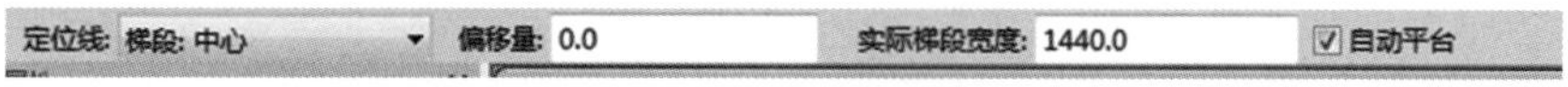

| 定位线：梯段：中心 ▼ | 偏移量：0.0 | 实际梯段宽度：1440.0 | ☑ 自动平台 |

图 3-70　宽度设置

（7）绘制楼梯，捕捉楼梯梯段起始点，沿一边竖直方向参照线绘制 11 级台阶，再沿另一边竖直方向绘制 11 级台阶。系统会自动生成休息平台。绘制完成的楼梯三维效果如图 3-71 所示。

3.7.2　创建栏杆扶手

删除外部栏杆扶手，单独选中楼梯栏杆，按 Delete 键删除外部栏杆，因为自动生成的栏杆与墙重合，不符合实际情况，在功能区中选择【建筑】→【栏杆扶手】命令，【绘制路径】

图 3-71　楼梯的三维效果

选择直线绘制方式，沿楼梯内边绘制，绘制完成后，单击✓（确定）按钮完成绘制。绘制完成的栏杆扶手三维效果如图 3-72 所示。

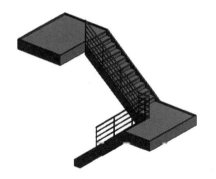

图 3-72　栏杆扶手的三维效果

3.8　实战案例演练

3.8.1　实战案例

某别墅项目图如图 3-73 ～图 3-75 所示，试根据图纸绘制出结构柱、结构梁、墙体、门、窗、楼板。其中，柱 1 尺寸：240×240；梁 1 尺寸：250×400；梁 2 尺寸：120×300；板厚 130（卫生间楼板厚 90）；墙厚：240；门尺寸：800×2100；窗尺寸按图中标注尺寸绘制。

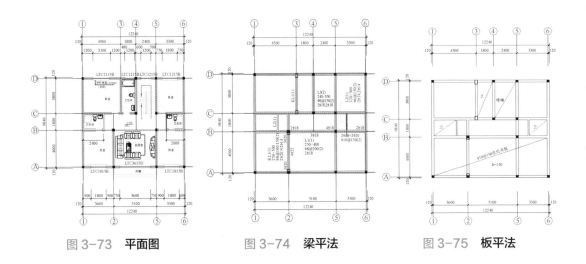

图 3-73　**平面图**　　　　　图 3-74　**梁平法**　　　　　图 3-75　**板平法**

3.8.2　案例解析

（1）新建项目样板，这一步在上一节已经练习过，创建项目样板后，在功能区的【插入】选项卡中选择【链接 CAD】命令，将平面图链接进 Revit 并对齐轴网。选择【结构】选项卡中的【柱】选项，选择钢筋混凝土矩形柱，设置柱的尺寸为 240mm×240mm，设置好后在 CAD 底图中对应的位置绘制矩形柱，绘制完成后的三维效果图如图 3-76 所示。

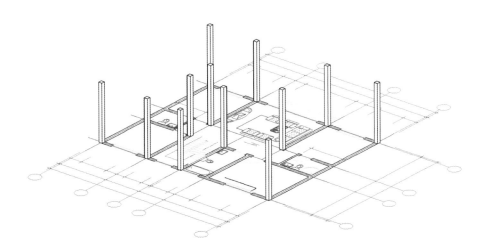

图 3-76　**导入的柱的三维效果**

（2）在功能区的【插入】选项卡中选择【链接 CAD】命令，将梁平法链接进 Revit 并对齐轴网。选择【结构】选项卡中的【梁】选项，选择混凝土矩形梁，设置梁的尺寸为 250mm×400mm 和 120mm×300mm，设置好后在 CAD 底图中对应的位置绘制矩形梁，注意梁的标高数值，绘制完成后的三维效果图如图 3-77 所示。

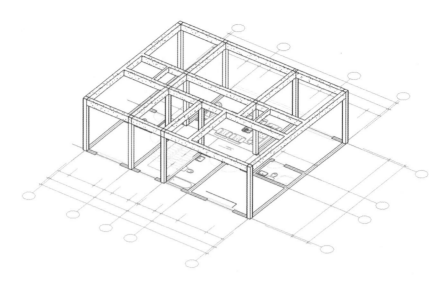

图 3-77　梁的三维效果

(3) 在功能区的【结构】选项卡中选择【墙】命令，选择【基本墙】，设置墙厚为 240mm 和 120mm，设置好后在 CAD 底图中对应的位置绘制砌体墙，注意标高的设定，绘制完成后的三维效果图如图 3-78 所示。

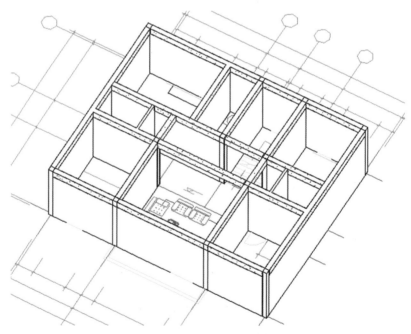

图 3-78　墙的三维效果

(4) 在功能区的【建筑】选项卡中选择【门】命令，选择门 (单扇尺寸为 800mm×2100mm)，设置好后在 CAD 底图中对应的位置放置门。绘制完成后的三维效果图如图 3-79 所示。

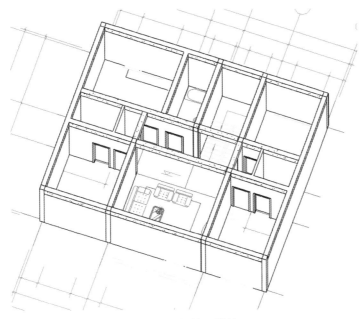

图 3-79　门的三维效果

(5) 在功能区的【建筑】选项卡中选择【窗】命令，选择合适的窗，窗的尺寸分别为 2100mm× 1500mm；1800mm×1500mm；3600mm×1500mm；1200mm×1500mm，分别设置好后在 CAD 底图中对应的位置放置窗，绘制完成后的三维效果图如图 3-80 所示。

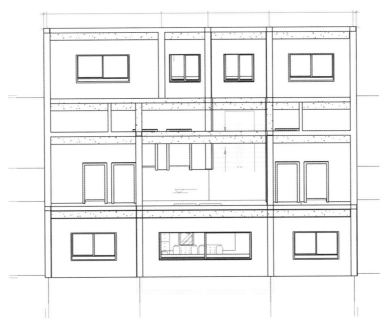

图 3-80　窗的三维效果

(6) 在功能区的【结构】选项卡中选择【板】命令，将板平法的 CAD 图纸链接进软件，题中说明除卫生间板厚为 90mm 外其余地方楼板厚度均为 130mm，因此创建楼板，设置

板厚为 130mm，使用直线命令沿边线将楼板范围圈出，如图 3-81 所示。

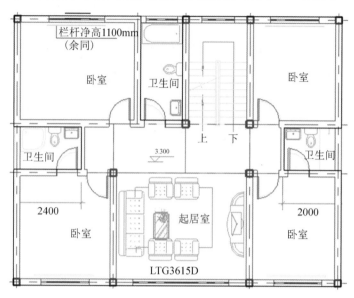

图 3-81　绘制楼板范围

绘制完成后的三维效果图如图 3-82 所示。

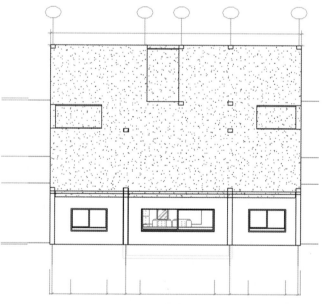

图 3-82　板的三维效果

第 4 章　BIM 构件的创建和编辑基础

【教学目标】

(1) 了解族的概念。
(2) 了解族的分类及相关参数。
(3) 掌握族编辑器。
(4) 掌握族的嵌套与使用。
(5) 了解族样板的选择。
(6) 掌握族文件的管理。

【教学要求】

本章要点	掌握层次	相关知识点
族参数与族编辑器	(1) 了解族的概念 (2) 掌握族参数的修改和族编辑器的使用	创建族
族的嵌套与使用、族样板的选用	(1) 了解族嵌套、族样板 (2) 掌握族的使用、借助族样板绘制所需要的族	族类型的使用
族文件的管理	(1) 学习族文件夹结构 (2) 了解族文件命名 (3) 了解族类型命名 (4) 掌握族参数 (5) 运用族管理工具及云族库	族管理

　　本章将以建筑专业构件 (族) 为例详细介绍族的创建和编辑的基础知识，主要介绍族的概念及其相关术语、族的分类、族编辑器界面及功能区命令。同时，由于可载入族在模型创建过程中使用频率非常高，对可载入族的熟练掌握是使用 Revit 2016 进行项目模型创建的关键，所以在这里将详细介绍可载入族的相关知识、族编辑器的基本知识、三维模型的创建与修改、二维族的基础知识、族的嵌套和使用等基础知识。

4.1 族的基本知识

族是 Revit 项目的基础，本节主要讲族的概念和相关术语、族的分类及其概念、族参数和族编辑器，Revit 的任何单一图元都由某一个特定族产生，由一个族产生的各图元均具有相似的属性或参数，这是由该族的类型或实例参数定义决定的。

4.1.1 族的概念

族，是组成项目的基本单元，是参数信息的载体。

Revit 绘图有自身独到之处，其中最重要的一个特点就是"族"。如果不理解族，就无法建族；无法建族，就无法深入地使用 Revit。本章介绍了 Revit 中以族为核心的绘图概念，帮助读者掌握基本的方式方法，快速入门。

族是 Revit 中核心的功能之一，可以帮助设计者更方便地管理和修改搭建的模型。每个族文件内都含有很多参数和信息，像尺寸、形状、类型和其他的参数变量设置，有助于用户进行修改。

如果拥有大量的族文件，将对设计工作进程和效益有很大的帮助。设计者不必另花时间去制作族文件、赋予参数，而是直接导入相应的族文件，便可直接应用到项目中。族对于设计中的修改也很有帮助，如果修改一个族，与之关联的对象会随着一起进行修改，从而大大地提高工作效率。

本章将以建筑专业构件（族）为例详细介绍族创建和编辑的基础知识，主要介绍族的概念及其相关术语、族的分类、族编辑器界面及功能区命令。同时，由于可载入族在模型创建过程中使用频率非常高，对可载入族的熟练掌握是使用 Autodesk Revit 2016 进行项目模型创建的关键，所以这里将详细介绍可载入族的相关知识、族编辑器的基本知识、三维模型的创建与修改、二维族的基础知识、族的嵌套及使用等基础知识。

4.1.2 族的分类及相关术语

在 Revit 的操作中，由于族的特殊性、重要性、核心性，要使用分类的方法来理解族的概念。本小节将 Revit 的族分为 4 个类别，每个类别为一对相对关系的族。

1. 系统族与可载入族

系统族是 Revit 项目样板文件自带的，样板文件不一样，带的系统文件也不同，其最大的特点是在使用这个族时不需要载入。在安装 Revit 时，一定要选择共享组件，只有安装了共享组件，才有系统族。可载入族是设计者根据自己的需要，将族载入到项目中，可载入族可能是系统自带的，也可能是用户自建的或是从网络下载的。

2. 自带族与自建族

自带族是 Revit 软件安装后就自带的族。自建族就是用户根据自己的需要建立的族。Revit 提供了常用的族，但是建筑业日新月异地发展，传统的族库不能满足生产的需要，本书介绍了一系列建族的方式方法。

3. 可变族与固定族

可在可变族的类型中设置相应的参数，让类型的尺寸随之变化，如：800mm 宽的门变为 900mm 宽；1400mm 高的窗变为 1500mm 高；400mm×400mm 的柱子变为 500mm×500mm。固定族就是不需要设置参数，族类型也不会变化。可变族称"活族"，固定族称"死族"。

4. 二维族与三维族

二维族就是尺寸标注，符号标注的二维对象，如箭头、引出线、文字等。三维族就是项目中的建筑、结构构件，如门、窗、阳台、墙、柱、楼板等。

族的相关术语如下。

(1) 类别：以族性质为基础，对各种构件进行归类的一组图元。例如门、窗为两个类别。

(2) 类型：可用于表示同一类族的不同的参数值。

(3) 实例：放置在项目中的图元，在项目模型的实例中都有特定的位置。

4.1.3　族参数

Revit 根据族的用途和类型，提供了很多种类的族模板，在自建族时首先需要选择合适的族模板。族模板预定义了新建族所属的族类别和一些默认参数。参数类型包括"族参数"和"共享参数"。"族参数"又包括"实例"和"类型"两类，实例参数出现在族【图元属性】对话框中，而类型参数出现在【类型属性】对话框中。Revit 允许在新建族中按要求添加需要的参数。

单击应用程序图标(R)，打开【应用程序菜单】，选择【新建】→【族】命令，在弹出的对话框中选择【公制常规模型 .rft】

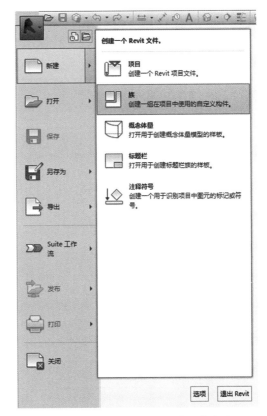

图 4-1　选择【新建】→【族】命令

族样板，可进入【族编辑器】界面。在【创建】选项卡中单击【族类别和族参数】按钮，即可打开【族类别和族参数】对话框，如图 4-1 ～图 4-5 所示。

图 4-2　选择族样板

图 4-3　单击【族类别和族参数】按钮

图 4-4　【族类别和族参数】对话框

图 4-5　指定族参数

接下来简单解释一下做族的样板。

通常，Revit 会提供大量的做族样板，做族的早期，一定要优先确定样板，如果样板选择错误，将会直接影响接下来完成的可载入族文件在项目环境中的应用。

比如，一个室内专业的壁挂式灯具，在制作族时，选择了【基于墙的公制常规模型】，如图 4-6 所示，当然，做出来的结果自然不能算错，可是一旦在模型使用中需要将这个装饰灯具挂在混凝土柱子上时，此时之前选用的族样板做出来的族就无法使用了，因为主体被更改了，这个【灯】不能识别柱子作为自己的主体，就不能挂上去。

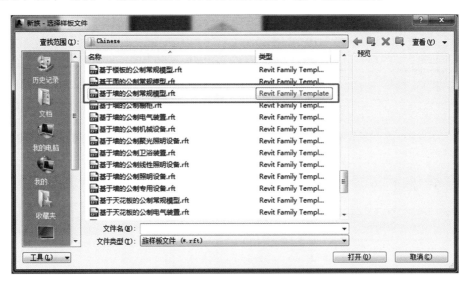

图 4-6　创建公制常规模型

那么，在制作族时，通常每个三维族都可以选择的一个类别，就是"常规模型"。不过在实际应用中，往往需要界定正确的族类别，进而可以方便在项目模型中调整可见性，以及利用明细表进行算量，这是很重要的设置工作。打开【族类别和族参数】对话框，可以设置族的所属类别，下方会有相应的族参数进行设置，如图 4-7 所示。

不同族类别对应不同的族参数，常规模型族是通用族，无任何特定族的特性，仅有形体特性，如图 4-8 所示。

① 【基于工作平面】：若勾选该复选框，则创建的族只能放在某个工作平面或实体表面上。

② 【总是垂直】：若勾选了【基于工作平面】和该复选框，族将相对于水平面垂直，否则将垂直于某个工作平面。

③ 【加载时剪切的空心】：若勾选该复选框，则在导入到项目文件时，会同时附带可剪切空心信息，否则会自动过滤掉空心信息，仅保留实体模型。

④ 【可将钢筋附着到主体】：若勾选该复选框，则运用该族样板创建的族在载入到结构项目中，剖切该族，用户就可在这个族剖面上自由地添加钢筋。

⑤ 【零件类型】：选择族类别时，系统可自动匹配对应的部件类型，一般无须再次修改。

⑥ 【共享】：若勾选该复选框，则该族作为嵌套族载入到另一个主体族中，该主体族也可在项目中被单独调用，达到共享的目的。

BIM 建模技术基础与工程实例

图 4-7　确定族类别

图 4-8　【族：常规模型】属性栏

族类别和族参数设置完毕后，在功能区的【创建】选项卡【属性】选项板中选择【族类型】命令，如图 4-9 所示。

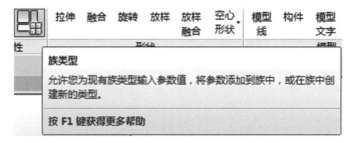

图 4-9　选择【族类型】命令

对族类型和参数进行设置，如图 4-10 所示为【族类型】对话框。

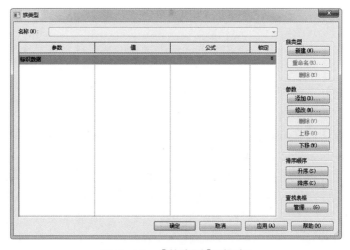

图 4-10　【族类型】对话框

1. 新建族类型

在【族类型】对话框右上角单击【新建】按钮可添加新的族类型，对已有的族类型还可以进行重命名和删除操作。

2. 添加参数

可通过【参数属性】对话框添加参数，如图 4-11 所示。

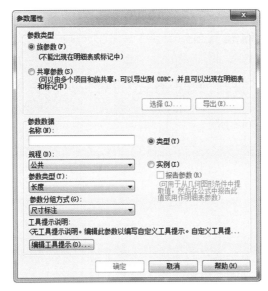

图 4-11　【参数属性】对话框

【族参数】：选中此单选按钮时，载入文件后，不可出现在明细表或标记中。

【共享参数】：选中此单选按钮时，可以由多个项目和族共享，可出现在明细表和标记中，若使用，将在一个 TXT 文档中记录参数。

【名称】：此选项可根据用户需要自行定义，但同族内参数名称不能相同。

【规程】：不同【规程】对应不同的参数类型，可按【规程】分组设置项目单位的格式。

【参数类型】：不同的参数类型有不同的特点及单位。

【参数分组方式】：定义参数组别，可使参数在【族类型】对话框中按组分类显示，方便用户查找参数。

【类型】或【实例】：用户可根据使用习惯选择类型参数或实例参数。

3. 类型目录

1) 类型目录概论

创建族类型的两种方法如下。

(1) 在族编辑器的【族类型】对话框中新建族类型。

(2) 使用【类型目录】文件：通过将族类型的信息以规定的格式记录在一个 TXT 文件里，创建一个【类型目录】文件。

2) 创建类型目录文件

使用文本编辑器编辑，或者使用数据库或者电子表格软件自动处理。一般在 Excel 表

格中编辑，保存为 CSV 文件后，再将文件拓展名 csv 改成 txt。

3) 在项目文件中用类型目录载入族

(1) 打开一个项目文件(扩展名是 rvt)，在功能区中选择【插入】→【从库中载入】→【载入族】命令，选中某一族文件后显示【指定类型】对话框。

(2) 从【指定类型】对话框的【类型】列表中选择要载入的族类型，单击【确定】按钮，则选定的族类型即被载入到项目文件中。

4.1.4 族编辑器界面介绍

族都是利用族工具创建的，常用的族工具为族编辑器，在 Revit 的功能区中，可以看到选项板不同，内建族编辑器的工具面板上会显示一个绿色的√(完成模型)和一个红色的×(取消模型)，如图 4-12 所示。

图 4-12 内建族编辑器的工具面板

在独立的族编辑器环境中的功能面板，该位置将会替换为【载入到项目】和【载入到项目并关闭】，而其他的功能则是相同的，如图 4-13 所示。

图 4-13 族编辑器的工具面板

内建族和可载入族的唯一不同就是它们创建的环境不同。内建族是在项目环境中创建的(在功能区中选择【建筑】→【构建】→【构件】→【内建模型】命令)，而可载入族是在族编辑器中创建的，这是一个项目外部的独立环境，可以将内建族看作是项目环境内的族编辑器。

可以在族和项目文件之间切换工作，与在项目中打开多个视图的切换一样，单击【切换窗口】按钮就可以实现切换操作，如图 4-14 所示。

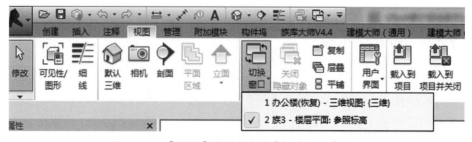

图 4-14 【视图】选项卡中的【切换窗口】按钮

【创建】选项卡中集合了 9 种基本的常用功能，如图 4-15 所示。

图 4-15　【创建】选项卡列表

① 【选择】选项板：可用于进入选择模式，然后通过移动光标选择要修改的对象。

② 【属性】选项板：可用于查看和编辑对象属性：属性、族类型、族类别和族参数、类型属性。

③ 【形状】选项板：汇集了用户可能运用到的创建三维形状的所有工具。

④ 【模型】选项板：提供模型线、构件、模型组的创建和调用。

⑤ 【控件】选项板：可将控件添加到视图中。

⑥ 【连接件】选项板：可将连接件添加到构件中。

⑦ 【基准】选项板：可提供参照线和参照平面两种参照样式。

⑧ 【工作平面】选项板：可用于为当前的视图或所选定图元指定工作平面。

⑨ 【族编辑器】选项板：可用于将族载入到打开的项目或族文件中。

【插入】、【注释】、【视图】、【管理】和【修改】选项卡的功能与前面章节所讲选项卡的功能基本一致，此处不再赘述。

1）【属性】面板和【项目浏览器】面板

当打开一个族样板，默认情况下，绘图区左侧会出现两个固定面板，即【属性】面板和【项目浏览器】面板，如图 4-16 和图 4-17 所示。每个面板都可以通过拖曳它们的标题栏将它们移动位置。

图 4-16　【属性】面板

图 4-17　【项目浏览器】面板

2)【属性】面板的重要功能

(1) 类型选择器：这个部分通常是灰色不可用的，只有在选中一个图元，并且还有其他与该图元属于同一个类型的图元时，它才变成可以使用状态。这时它和项目环境中的类型选择器作用一样。被选中的图元的类型名称会出现在这个位置，单击下拉按钮，会在弹出的下拉列表中列出可用的类型名称，如图 4-18 所示。

(2) 属性过滤器：这是一个下拉列表框，对应的下拉列表中包含了当前活动视图属性或所应用的样板属性。当选择了某个图元时，该图元的类型名称也会出现在这个下拉列表中。这个下拉列表同时也是一个过滤器，在每个类型名称后显示了所选择图元的实例数量，在下拉列表中选择某个类型，【属性】面板将会显示该类型所选实例的属性，如图 4-19 所示。

(3) 编辑类型：当图元属于一个独立的可载入构件族时，该图元具有对应的类型参数，当图元处于选择状态时，【编辑类型】按钮变为可使用状态。单击该按钮可以打开【类型属性】对话框，如图 4-20 所示。该对话框显示当前图元的用户可编辑或只读属性参数。类型可以被复制以创建一个新的类型，所有可编辑参数都可以被修改，创建的新的类型会出现在类型选择器中。

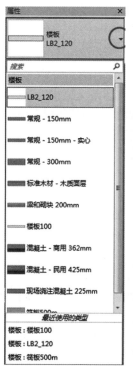

图 4-18 类型选择器

图 4-19 属性过滤器

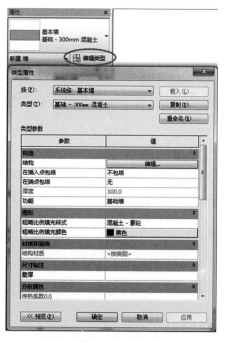

图 4-20 【编辑类型】按钮和【类型属性】对话框

4.1.5 Revit 族文件格式

Revit 有 4 种基本格式：项目样板文件 (后缀名 .rte)、项目文件 (后缀名 .rvt)、族样板文件 (后缀名 .rft)、族文件 (后缀名 .rfa)。在 Revit 启动后，项目样板文件与项目文件对应的是【项目】区；族样板文件与族文件对应的是【族】区。其具体内容见第 1 章 1.1.4 节文件管理部分，这里不再赘述。

4.2　可载入族

本节讲解三维模型的创建与修改、族的嵌套与使用，掌握了族的基础知识与使用，会使创建模型更加方便、快捷。

4.2.1　三维模型的创建

通过对系统族的阐述，大致可以清楚利用系统族搭建出来的模型，基本都是简单的模型搭接起来的，而如果对模型的表达深度有了较高的要求，就需要可载入族的介入。可载入族是在外部 RFA 文件中创建的，并可被导入到项目中。通常可载入族是单独的后缀名为 .rfa 的文件，都是从 Revit 的族编辑界面中一个个制作出来的。

在 Revit 中，所有的可载入族主要分为两大类：三维族和平面族。三维族主要是三维模型的表达状态，平面族大部分是平面表达的应用类族。所以，在自己绘制各种可载入族时，就是基于族自身的需求，选择合理的做族样板，然后开始推进族文件的制作工作。

简单介绍一下族绘制的常用工具：拉伸、融合、旋转、放样、放样融合、空心形状及参照平面和参照线，如图 4-21 所示。

图 4-21　族绘制的常用工具

1. 创建拉伸的基本步骤

(1) 创建拉伸：在【族编辑器】的【创建】选项卡的【形状】选项板上，单击【拉伸】按钮 (也可表述为 "在功能区中选择【创建】→【形状】→【拉伸】命令"，以下不再赘述)。

(2) 使用绘制工具绘制拉伸轮廓，要创建单个实心形状，可绘制一个闭合环。要创建多个形状，可绘制多个不相交的闭合环。

(3) 在【属性】选项板上，指定拉伸属性，要从默认起点 0 拉伸轮廓，可在【限制条件】下的【拉伸终点】中输入一个正 / 负拉伸深度。此值将更改拉伸的终点。要从不同的起点拉伸，请在【限制条件】下输入新值作为【拉伸起点】。要设置实心拉伸的可见性，可在【图形】下单击【可见性 / 图形替换】对应的【编辑】，然后指定可见性设置。要按类别将材质应用于实心拉伸，可在【材质和装饰】下单击【材质】，然后指定材质，单击【应用】按钮。

(4) 单击【修改 | 创建拉伸】选项卡的【模式】选项板，单击绿色对钩生成拉伸。

Revit 将完成拉伸，并返回开始创建拉伸的视图。要查看拉伸，可打开三维视图。要在三维视图中调整拉伸大小，可选择并单击图形中的三角形进行编辑，如图 4-22 所示。

2. 创建融合的基本步骤

【融合】命令可以将两个平行平面上不同形状的端面进行融合建模。

(1) 在【族编辑器】的【创建】选项卡的【形状】选项板上，单击【融合】按钮。分别创建融合底部边界和创建融合顶部边界，单击【完成】按钮融合建模。然后可以根据需要将模型顶 / 底部锁在相应的参考平面上。底部和顶部都绘制完后，可通过单击【顶部控件】的方式编辑各个顶点的融合关系，如图 4-23 所示。

创建拉伸 .mp4

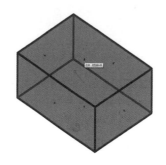

图 4-22　创建拉伸

图 4-23　单击【顶部控件】按钮

(2) 在使用融合建模的过程中，可能会出现所生成的融合体表面不够满意、形体扭曲的情况，出现这种情况的原因主要是融合顶面和融合底面的图形顶点数不一样。所以，可以通过增减顶部、底部融合面的顶点数量来控制融合的效果。单击刚刚创建的融合体，然后单击【修改|融合】选项卡中的【编辑底部】，进入【编辑融合顶部边界】模式，单击【拆分】，将原来的圆分成 4 段，如图 4-24 所示。

修改完成后，融合体的效果如图 4-25 所示。

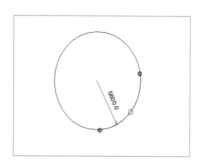

图 4-24　拆分顶部形状

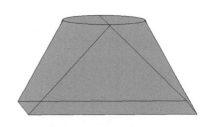

图 4-25　融合体的效果

3. 创建旋转几何图形的基本步骤

【旋转】命令。旋转是指围绕轴旋转某个形状而创建的形状，可以旋转形状一周或不到一周。如果轴与旋转造型接触，则产生一个实心几何图形。靠近轴创建的实心旋转几何图形，如果远离轴旋转几何图形，则会产生一个空心几何图形，其步骤如下。

(1) 在【族编辑器】界面的【创建】选项卡【形状】选项板上，单击【旋转】按钮。如有必要，请在绘制旋转之前设置工作平面，按 R+P 快捷键创建工作平面。

(2) 单击【旋转】，在【修改 | 创建旋转】选项卡【绘制】选项板上，单击【轴线】按钮。在所需方向上指定轴的起点和终点。使用绘制工具绘制形状，以围绕着轴旋转，如果轴与旋转造型接触，则产生一个实心几何图形。如果轴不与旋转形状接触，旋转体中将有个孔，如图 4-26 所示。

(3) 单击【修改 | 创建旋转】选项卡【绘制】选项板上的【边界线】按钮绘制图形。要创建单个旋转，可绘制一个闭合环；要创建多个旋转，可绘制多个不相交的闭合环。在【属性】选项板上，更改旋转的属性，要修改要旋转的几何图形的起点和终点，请输入新的【起始角度】和【结束角度】，要设置实心旋转的可见性，请在【图形】下单击【可见性 / 图形替换】对应的【编辑】。要按类别将材质应用于实心旋转，可在【材质和装饰】下单击【材质】，然后单击以指定材质。

(4) 在【绘制】选项板上，单击【完成】按钮（完成编辑模式）。查看旋转，可打开三维视图。要在三维视图中调整旋转大小，可选择并使用夹点进行编辑，如图 4-27 所示。

4. 创建放样的基本步骤

【放样】与【放样融合】命令需要用参照线给定放样路径，然后在参照线的上方绘制一个轮廓图形即为放样，两端画出两个轮廓，两个轮廓不相同，所创建的图形即为放样融合。其步骤如下：

(1) 在【族编辑器】界面的【创建】选项卡【形状】选项板上，单击【放样】按钮。

(2) 在【放样】选项板上，选择【绘制路径】或【拾取路径】。

(3) 在【放样】选项板上，选择【编辑轮廓】，进入轮廓编辑草图模式。

(4) 在【绘制】选项板选择相应的绘制方式，单击选择一种绘制方式，在绘图区域选择一个视图平面，绘制一个形状，在【绘制】选项板中单击【完成】按钮（完成编辑模式），即完成了放样的创建，如图 4-28 所示。

图 4-26　**绘制轴线**　　　图 4-27　**创建旋转**　　　图 4-28　**创建放样**

5. 创建放样融合的基本步骤

(1) 在【族编辑器】界面中的【创建】选项卡的【形状】选项板上，单击【放样融合】按钮。

(2) 在【放样】选项板上，选择【绘制路径】或【拾取路径】。

(3) 在【放样】选项板上，选择【编辑轮廓】，进入轮廓编辑草图模式。

(4) 在【绘制】选项板上选择相应的绘制方式，单击【选择轮廓 1】，单击【编辑轮廓】绘制第一个轮廓，绘制完毕后在【绘制】选项板上单击【完成】按钮，单击【选择轮廓 2】，单击【编辑轮廓】绘制第二个轮廓，如图 4-29 所示，绘制完毕后在【绘制】选项板上单击【完成】按钮（完成编辑模式），即完成了放样融合的创建，如图 4-30 所示。

图 4-29　【绘制】选项板

图 4-30　创建放样融合

6. 参照平面和参照线

族的创建过程中，【参照平面】和【参照线】用途最广泛，是绘图的重要工具。其中，在【参照平面】上锁定，由【参照平面】驱动实体，该操作方法应严格贯穿于整个建模的过程。【参照线】则主要用在控制角度参数的变化上。

1) 参照平面

(1) 参照平面绘制。

创建【常规模型】族之后，在功能区中的【创建】选项卡中单击【参照平面】按钮，如图 4-31 所示。将鼠标指针移至绘图区域，指定起点和终点位置即可绘制出一个参照平面。

图 4-31　单击【参照平面】按钮

(2) 参照平面的属性如图 4-32 所示。

【是参照】：对于参照平面，【是参照】是最重要的属性，选择绘图区域的参照平面，打开【属性】对话框，单击【是参照】右侧的下拉按钮，其下拉列表中的各选项特性的功能说明如下。

【非参照】：该参照平面在项目中无法捕捉，无法标注尺寸。

【强参照】：该参照平面的尺寸标注及捕捉的优先级最高。将创建的族放入项目中时，临时尺寸标注会捕捉到族中任何强参照，且在项目中选择该族时，临时尺寸标注将显示在强参照上，若放置永久性尺寸标注，则几何图形中的强参照将首先高亮显示。

【弱参照】：尺寸标注优先级比强参照低。将该族的实例放到项目中对其进行尺寸标注时，需要按 Tab 键选择【弱参照】。

【左】/【右】/【前】/【后】/【底】/【顶】/【中心（左/右）】/【中心（前/后）】/【中心（标高）】：这些参照在同一个族中只能用一次，其特性与强参照类似，通常用来表示样板自带的 3 个参照平面。它还可用来表示族的最外端边界的参照平面：左、右、

图 4-32　参照平面的属性

前、后、底和顶。

2) 参照线

参照线与参照平面功能基本相同，主要用于实现角度参数变化。可以通过以下步骤实现参照角度的自由变化：绘制参照线，标注参照线之间的夹角。

(1) 在功能区的【创建】选项卡中单击【参照线】按钮，默认以直线绘制。

(2) 将鼠标指针移至绘图区域，指定起点与终点完成参照线的绘制。

(3) 单击【修改】选项卡中的【对齐】按钮。

(4) 选择垂直的参照平面，然后选择参照线的端点，这时将出现一个锁形状的图标，默认是打开的，单击一下锁，将锁锁住，使这条参照线和垂直的参照平面对齐锁住，如图 4-33 所示。

(5) 同理，将参照线和水平的参照平面对齐锁住。

(6) 在功能区【注释】选项卡的【尺寸标注】选项板中单击【角度】按钮。

(7) 选择参照线和垂直的参照平面，然后选择合适的地方放置尺寸标注，如图 4-34 所示。

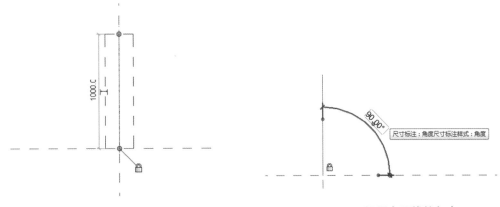

图 4-33　**绘制参照线**　　　　　　图 4-34　**设置参照线的角度**

(8) 夹角标签的参数如图 4-35 所示。

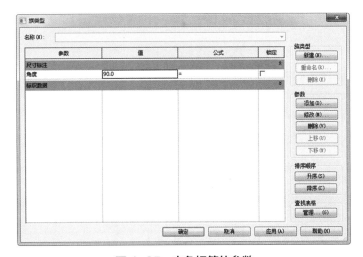

图 4-35　**夹角标签的参数**

4.2.2 三维模型的修改

1. 连接

【连接】命令可将多个实体模型连接为一个，若需要将已经连接的实体模型返回到未连接的状态，可选择【连接】下拉菜单中的【取消连接几何图形】命令，如图 4-36 所示。

2. 剪切

【剪切】命令可将空心模型从实体模型中减去，形成【镂空】效果。若需要将已经剪切的实体模型返回到剪切前的状态，可选择【剪切】下拉菜单中的【取消剪切几何图形】命令，如图 4-37 所示。

图 4-36　【连接】下拉菜单中的命令

图 4-37　【剪切】下拉菜单中的命令

3. 拆分面

拆分面可以将图元的面分割为数个区域，可应用不同材质，只能拆分该图元的选定面。其具体操作如下：在功能区的【修改】选项卡的【几何图形】选项板中单击【拆分面】按钮，将鼠标指针移至拆分面附近，该面高亮显示时单击鼠标，在【修改 | 拆分面】选项卡中单击【绘制】按钮绘制出拆分区域边界，单击【完成】按钮完成绘制。

4. 填色

【填色】命令可在图元的面和区域中应用材质，如需取消填色则可使用【删除填色】命令，再选择要填色的区域并单击【完成】按钮，如图 4-38 所示。

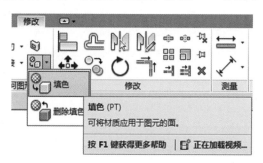

图 4-38　【填色】命令

5. 其他

对齐 / 修剪 / 延伸 / 拆分 / 偏移 / 移动 / 旋转 / 复制 / 镜像等功能在前面章节软件功能

选项卡中有详细描述。

下面简述【阵列】命令的使用方法与技巧。

1) 环形阵列

(1) 选择要阵列的对象，并在功能区中选择【修改】→【阵列】命令。

(2) 单击【径向】阵列命令，在【项目数】文本框中需要输入阵列的个数，【移动到】选择最后一个，单击旋转中心，在绘图区域选定阵列中心点，选择起始边，并输入所需角度，如图 4-39 所示，按 Enter 键完成，如图 4-40 所示。

图 4-39　**环形阵列设置**

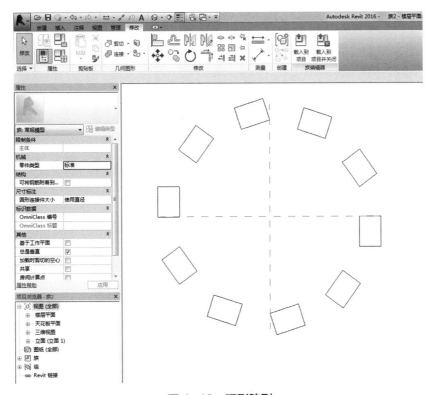

图 4-40　**环形阵列**

2) 矩形阵列

(1) 选择要阵列的对象，并在功能区中选择【修改】→【阵列】命令。

(2) 单击【线性】阵列命令，在【项目数】文本框中输入需要阵列的个数，【移动到】选择第二个，选择阵列的终点，矩形阵列绘制完成，如图 4-41 所示。

阵列出的物体间距离就是所选择阵列起始与终点之间的距离。勾选【成组并关联】选项后，阵列出的各个实体成组存在，修改其中任一物体的参数，其余物体对应的参数也将发生对应的改变。以该方式进行的阵列，可以以第一个与第二个物体间距离控制整条阵列，必须同时锁住阵列后第一个和第二个物体，方能通过长度参数控制阵列间距。

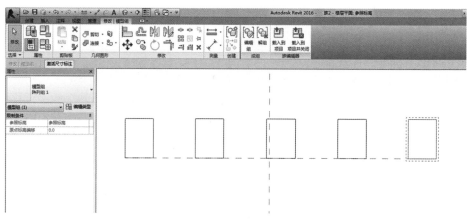

图 4-41 矩形阵列

4.2.3 族的嵌套

族嵌套就是可以在族中嵌套（插入）其他族，以创建包含合并族几何图形的新族。无须从头创建带有灯泡的照明设备，而可以将灯泡载入照明设备族中，来创建组合灯族。

1. 嵌套族门把手案例

（1）打开软件，找到一个带门把手的建筑门族，当点选把手时，功能区的选项卡中出现【编辑族】命令，如图 4-42 所示，说明该构件是作为嵌套族被载入到族中的。

图 4-42 嵌套族

（2）选择【编辑族】命令进入到把手的编辑环境中，单击选项卡中的【族类别和族参数】，在弹出的对话框找到【共享】选项，如图 4-43 所示。

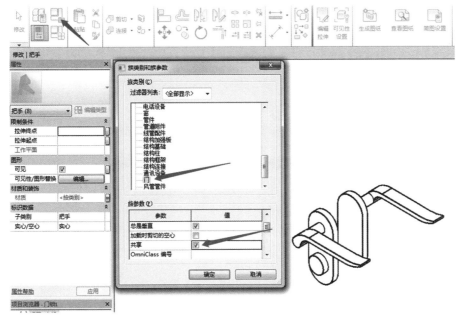

图 4-43　共享参数

这里【共享】选项是没有勾选的，此时该族作为嵌套族随着主体族载入到项目中，属于主体族的部分，不能被单独调用，只能跟随主体族被使用。若是勾选了【共享】选项，则载入到项目中后也是主体族的一部分，但它同时也可以被单独调用，可以脱离主体族。

（3）嵌套族最好使用与主体族相同的族类型，否则载入到项目中后嵌套族构件会归属到它自己的主类型，就没办法指定其子类别，也无法准确控制其可见性设置。

（4）切换至门族编辑环境，点选【把手】，此时在左侧实例属性中并不能为把手指定子类别，切换回把手的编辑环境，如图 4-44 所示。

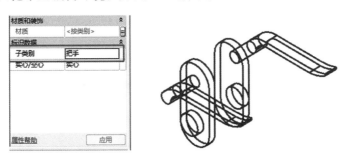

图 4-44　设置子类别

全部选中把手构件，在属性栏中找到【标识数据】，单击【子类别】末端的下拉箭头，将整个构件指定子类别为【把手】，此时便可以在门族环境中正确指定【把手】子类别。这样一个完整的门把手嵌套族就制作完毕了。

2. 嵌套族定义长宽案例

(1) 用公职常规模型的族样板新建族文件,在功能区中选择【创建】→【形状】→【拉伸】命令,选择矩形工具绘制一个矩形,单击【确定】按钮完成绘制。

(2) 在【族类型】对话框中新建一个族类型【长宽案例】,添加类型参数【长】和实例参数【宽】,如图 4-45 所示,将该族保存为【长宽案例_嵌套族.rfa】。

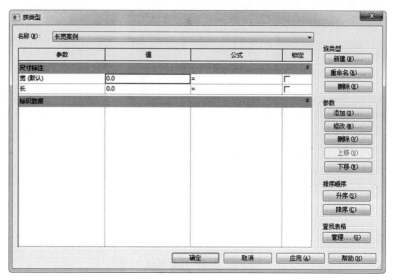

图 4-45　【族类型】对话框

(3) 创建另一个族,保存为【长宽案例_主体族.rfa】。

(4) 打开文件【长宽案例_嵌套族.rfa】,单击【载入到项目】按钮,将该文件载入到【长宽案例_主体族.rfa】中,如图 4-46 所示。

图 4-46　单击【载入到项目】按钮

(5) 在【长宽案例_主体族.rfa】的项目浏览器里面出现一个类型为【长宽案例】的嵌套族,单击【长宽案例】,将其拖曳至绘图区。

(6) 在【长宽案例_主体族.rfa】中,打开【族类型】对话框。添加类型参数【主体族长】和实例参数【主体族宽】,分别输入参数值。

(7) 双击【长宽案例】打开【类型属性】对话框,单击参数【长】最右边的【关联族参数】按钮,打开【关联族参数】对话框,选择【主体族长】。此时【长宽案例_嵌套族.rfa】中的【长】参数将被【长宽案例_主体族.rfa】中的【主体族长】参数驱动。

(8) 同样的操作也可以实现用【长宽案例_主体族.rfa】中的【主体族宽】参数驱动【长宽案例_嵌套族.rfa】中的【宽】参数。

4.2.4　族的使用

1. 载入族

将族加入到项目中的方法主要有三种。

(1) 打开一个以 .rvt 为后缀的项目文件，再打开一个以 .rfa 为后缀的族文件，在功能区中选择【创建】→【族编辑器】→【载入到项目】命令，即可将该族载入到项目中。

(2) 通过文件拖曳的方式，将以 .rfa 为后缀的族文件拖曳到项目的绘图区域，该族文件即可被载入该项目中。

(3) 打开一个项目文件，在功能区中选择【插入】→【从库中载入】→【载入族】命令，即可打开【载入族】对话框。选中要载入的族，单击对话框右下角【打开】按钮，被选中的族即可被载入该项目中。

2. 放置不同类型的族

在项目中放置不同类型的族的方法主要有两种。

(1) 在【项目浏览器】中族节点下选择需要放置的族类型名，直接拖曳到绘图区域。

(2) 打开一个项目文件，在功能区中选择【建筑】→【构建】→【构件】→【放置构件】命令，在左侧【属性】选项板的【类型选择器】中选择一个族的族类型，单击图中合适的位置放置所选的族。

3. 编辑项目中的族

有三种方法可编辑项目中的族。

(1) 打开项目文件，在【项目浏览器】中选择需要编辑的族并右击，在弹出的快捷菜单中选择【编辑】命令，即可打开族编辑器对选中的族进行编辑。

(2) 若族已放置于绘图区域中，单击该族，然后在【修改】选项卡中单击【编辑族】按钮，同样可打开族编辑器。

(3) 对已放置于绘图区域的族，可单击族后右击鼠标，在弹出的快捷菜单中选择【编辑族】命令即可打开族编辑器。

4. 编辑项目中的族类型

有两种方法可编辑项目中的族。

(1) 打开一个项目文件，在其【项目浏览器】面板中选择要编辑的族类型名，双击鼠标左键打开【类型属性】对话框，即可编辑项目中的族类型。

(2) 在项目绘图区域中的族，可单击该族实例，在【属性】面板中单击【编辑类型】，即可打开【类型属性】对话框编辑项目中的族类型。

4.3　可载入族的族样板

本节主要讲述族样板的概念及分类、族样板的创建与选用。熟悉了族样板的创建，并

且选择合适的族样板，可以使创建模型更加方便、快捷。

4.3.1 族样板的概念及分类

软件自带的以 .rft 为后缀的文件就是族的样板文件。Revit 族样板相当于一个构件块，其中包含在开始创建族时及 Revit 在项目中放置族时所需要的信息。尽管大多数族样板都是根据其所要创建的图元族的类型进行命名的，但也有一些样板在族名称之后包含下列描述符之一。

(1) 基于墙的样板。

(2) 基于天花板的样板。

(3) 基于楼板的样板。

(4) 基于屋顶的样板。

(5) 基于线的样板。

(6) 基于面的样板。

(7) 独立样板。

基于墙的样板、基于天花板的样板、基于楼板的样板和基于屋顶的样板被称为基于主体的样板。对于基于主体的族而言，只有存在其主体类型的图元时，才能放置在项目中。了解以下样板的说明，以确定哪种样板最能满足需求。

1. 基于墙的样板

使用基于墙的样板可以创建将插入到墙中的构件。有些墙构件（如门和窗）包含洞口，因此在墙上放置该构件时，它会在墙上剪切出一个洞口。基于墙的构件的一些示例包括门、窗和照明设备。每个样板中都包括一面墙，为了展示构件与墙之间的配合情况，这面墙是必不可少的。

2. 基于天花板的样板

使用基于天花板的样板可以创建将插入到天花板中的构件。有些天花板构件包含洞口，因此在天花板上放置该构件时，它会在天花板上剪切出一个洞口。基于天花板的族示例包括喷水装置和隐蔽式照明设备。

3. 基于楼板的样板

使用基于楼板的样板可以创建将插入到楼板中的构件。有些楼板构件（如加热风口）包含洞口，因此在楼板上放置该构件时，它会在楼板上剪切出一个洞口。

4. 基于屋顶的样板

使用基于屋顶的样板可以创建将插入到屋顶中的构件。有些屋顶构件包含洞口，因此在屋顶上放置该构件时，它会在屋顶上剪切出一个洞口。基于屋顶的族示例包括天窗和屋顶风机。

5. 基于线的样板

基于线的样板可以创建采用拾取线放置的模型族。

6. 基于面的样板

使用基于面的样板可以创建基于工作平面的族，这些族可以修改它们的主体。从样板创建的族可在主体中进行复杂的剪切。这些族的实例可放置在任何表面上，而不考虑它自身的方向。

7. 独立样板

独立样板用于不依赖于主体的构件。独立构件可以放置在模型中的任何位置，可以相对于其他独立构件或基于主体的构件添加尺寸标注。独立族的示例包括家具、电器、风管及管件。

4.3.2　族样板的选用及创建

1. 族样板的选用

族类别的确定是选择族样板的第一个原则，也是最重要的原则。族类别不仅决定了族的分类、明细表统计、行为，还将影响族的默认参数、子类别、调用方式等内容。一旦族的类别确定了，通过族样板的文件名，就能很容易缩小选择范围。

选择样板时，请选择主体样式或需要的行为，然后更改类别以匹配所需的族类型。另外，某些类型的族需要特定的族样板才能正常运行。

如在装配使用中，对装配使用的族类别只能选用指定的样板文件，对于其他族类别，可根据所需要族的具体要求选用合适的族样板。同时，选择合适的放置方式不仅可以更高效地使用族，而且可以建立其与主体构件正确的互动关系。

2. 族样板的创建

只需将文件后缀名 .rfa 改成 .rft 就可以直接将一个族文件转变成一个样板文件。以下将列出关键点，掌握好关键点就能方便地对样板进行创建和修改。

(1) 预设参照平面。

(2) 预设参数（实例参数 / 共享参数 / 类型参数）。

(3) 定义三维构件。

(4) 加载嵌套族。

(5) 预设材质。

(6) 预设对象样式。

若要创建二维族，应从详图项目、轮廓、注释、标题栏样板类型中选择。

若要创建特定功能的三维族，应从栏杆、结构框架、结构桁架、钢筋、基于图案样板类型中选择。

若要创建有主体的三维族，应从基于墙、基于天花板、基于楼板、基于屋顶、基于面的样板类型中选择。

若要创建没有主体的三维族，应从基于线、独立样板、常规模型、自适应样板的样板类型中选择。

4.4 族文件的管理

本节主要讲述文件夹结构、族文件的命名、族类型的命名、族参数的命名、族管理工具及云族库，熟悉族文件的管理有助于读者更快捷地区分各种族类型，并且整理归纳识别出各种常用的族。

1. 文件夹的结构

用户可参考族类别对族进行分类、建立一级根目录，某些根目录下面包含多个族类别。对于族数量及种类较多者，宜建立二级子目录、三级子目录。子目录可按用途、形式、材质等进一步分类，但目录级数不宜过多。

2. 族文件命名

族及嵌套族的命名应准确、简短、明晰，如"双扇防火门"。有多个同类族时应突出该族的特点，如图 4-47 所示，实在无法用明确的中文描述时也可在最后加数字编号予以区别。

图 4-47　门族的命名

3. 族类型命名

族类型的命名主要基于各类型参数的不同，突出各类型之间的区别，包括样式尺寸、材料、个数等，以门族为例，可设定多个尺寸类型，如 750mm×2400mm、1500mm×2400mm，也可设定多个样式类型，如【有窗口】、【无窗口】等。

4. 族参数命名

如果新添加的族参数为主要参数，用户在使用过程中根据需要会进行实时且频繁修改的参数，则该类型参数的命名宜选用明确的中文名称。对于辅助参数，不需要用户修改或很少修改，则其命名可以选用中文名称或特定代号。

5. 族管理工具及云族库

　　族的使用特别频繁，建筑物里用到的族类型和样式很多。如果每一个都要自己去创建，将会特别费力费时，且会对 BIM 的效率产生很大的影响。一些 BIM 相关机构推出了族库和族资源，可以直接使用其提供的大量族，减少大量建族的工作量。可以通过搜索引擎找到一些。例如，橄榄山可管理用户本地文件夹中的族文件，快速搜索本地族及橄榄山云族库中的海量族，如图 4-48 所示，批量加载本地或橄榄山上的族文件到项目中。

橄榄山云族库.mp4

图 4-48　云族库

4.5　实战案例演练

4.5.1　实战案例

　　运用族编辑器绘制出如图 4-49、图 4-50 所示图形。

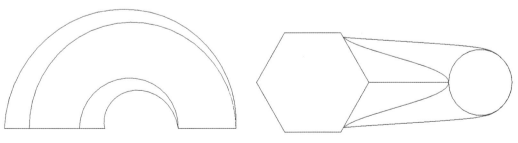

图 4-49　俯视图　　　　　　　　　　图 4-50　主视图

4.5.2 案例解析

(1) 新建族，选择公制常规模型，如图 4-51 所示。

图 4-51　创建公制常规模型

(2) 单击【放样融合】按钮，选择绘制路径，选择圆心端点弧工具绘制一个半圆形，这个半圆形就是所放样图形的路径，如图 4-52 所示。

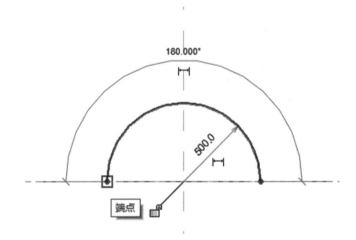

图 4-52　绘制放样路径

(3) 路径设置好后，单击选择轮廓 1，再单击【编辑轮廓】按钮，在工具栏中选择外接多边形工具，绘制出一个正六边形在路径线其中一个端点上，如图 4-53 所示，绘制完轮廓 1 后选择编辑轮廓 2，单击【编辑轮廓】按钮，绘制出一个圆形在另外一个端点上，如图 4-54 所示。

(4) 完成绘制，进入三维视图即可观看放样融合图形，如图 4-55 所示。

(5) 检查无误后，保存项目即可。

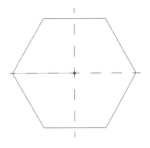

图 4-53　绘制正六边形

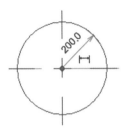

图 4-54　绘制圆形

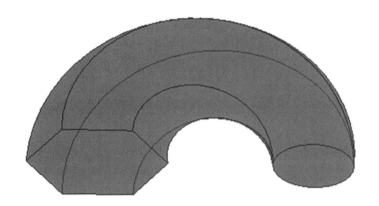

图 4-55　放样融合图形

第5章 BIM 快速建模技术

【教学目标】

(1) 了解快速建模。
(2) 掌握快速建模工具。
(3) 运用插件批量创建所需构件。
(4) 了解从 DWG 施工图快速生成模型。
(5) 了解结构钢筋。

【教学要求】

本章要点	掌握层次	相关知识点
使用快速建模工具	(1) 了解快速建模工具的运作原理 (2) 掌握快速建模工具的使用	快速建模工具
批量创建构件	(1) 掌握批量创建构件的方法 (2) 运用插件将 DWG 图快速生成模型	插件的使用
钢筋的学习与识别钢筋符号	(1) 熟悉钢筋类别(纵筋、箍筋等) (2) 了解钢筋符号 (3) 掌握梁配筋	钢筋知识

Revit 还提供了应用程序开发接口,应用程序编程接口英文是 Application Programing Interface,常常用缩略形式 API 来指代。第三方软件开发者通过 API 编写程序来访问 Revit 应用程序、创建和访问 Revit 模型中的构件和对象的所有信息。使用 Revit API 开发的程序被称为 Revit 插件,使用 Revit API 来做程序研发的过程常被称为 Revit 二次开发。

5.1　BIM 快速建模工具

　　Revit 插件给用户的工作带来如虎添翼般的效果，相比没有插件所做的工作，Revit 插件给用户带来的好处是大幅度提高工作效率、模型和图纸更准确、模型更智能、方便与外部软件进行信息交流。本章以 Revit 插件橄榄山快模软件为例来讲解插件技术如何加快模型创建速度。

5.1.1　Revit 插件的功能

1. Revit 插件可以大幅度提高工作效率

　　Revit 插件可以实现用户使用 Revit 命令所做的绝大多数工作，如创建梁柱、板墙等构件，插件里的命令可将用户的多步骤操作合并到一个操作里，由插件程序来连续执行多个操作，计算机的高速执行模拟用户的多步骤操作，极大地提高了用户的工作效率。比如绘制轴网，Revit 只提供单根轴线的命令，要想绘制水平 40 跨、进深 15 跨的矩形轴网，需执行 55 次操作。以 Revit 上的一个常用插件橄榄山快模的创建矩形轴网命令为例进行操作，如图 5-1 所示，只需要单击鼠标，确定进深开间的跨度和重复次数，就可以全自动生成准确的轴网，极大地提高了效率。

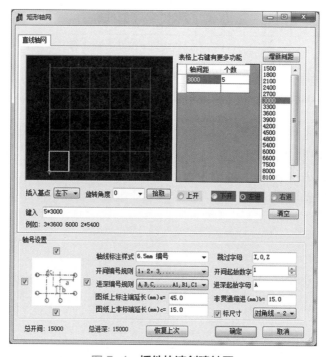

图 5-1　插件快速创建轴网

2. 插件使模型和图纸更准确

通过程序可计算出构件的精确坐标，可以精确到小数点后多位数，比人工通过鼠标用肉眼观察建立的模型更精准，特别是构件之间的关系和定位。如将 Revit 里房间的名字注释放在房间的正中间，通过插件【房间工具】(见图 5-2) 可以根据房间的多个边的端点坐标准确计算出房间的中心点，然后将房间注释文字放到这个居中位置。如图 5-3 所示，左侧是手动布置的房间，而右侧是使用橄榄山快模插件的【标注居中】命令得到的结果。

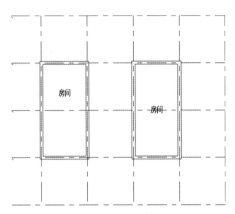

图 5-2　插件【房间工具】　　　　图 5-3　使用插件命令调整对象定位

3. 插件使 BIM 模型更智能

Revit 二次开发技术允许在插件里定义构件之间的联动关系，当模型中的一个对象发生编辑时，与之关联的对象自动跟随更新。如在墙上给管道开洞，在管线综合时，会移动管道的高度或水平位置，所以需要相应地修改洞口位置。如果逐个修改洞口，会使工作量增加不少。此时，可以使用插件，确定以后洞口和管道的关联关系。当管道位置发生改变时，自动移动洞口对象到相应的位置。所以这个模型就变得更加智能。

4. 插件实现与外部程序之间的信息双向交流

BIM 经常需要与其他软件交流模型信息，通过 Revit API，可以将外部数据写入模型中。也可以将 Revit 的模型信息快速读出来以供第三方程序使用。如可以将 PKPM 的结构模型信息通过其提供的插件在 Revit 里快速重建模型，无须用户再次创建模型。

因此，通过 Revit 二次开发技术可以研发出功能强大的插件，来满足符合特定地区和国家的规范和特异性的需要。虽然 Revit 平台是美国研发的，但通过二次开发技术，可以研发出符合中国规范、符合中国用户习惯的软件。Revit 快速建模工具是使用了 Revit 的 API 来编写的插件，实现快速创建模型。

5.1.2　快速建模工具运作原理

快速建模工具是 Revit 一系列的插件命令的总称，这些命令用来快速地创建梁柱板墙轴线楼层等对象，同时可以批量编辑模型的几何表现及构件的数据。快速建模工具由第三

方软件厂商调用 Revit 的开发编程接口 API 编写的程序，用于快速创建和使用模型。软件厂商制作好插件软件的安装文件，用户获得安装文件后安装到计算机里。插件基于 Revit 研发，所以插件的运行无法脱离 Revit 的平台。因此安装 Revit 插件之前，都需要在机器上安装 Revit 软件。启动 Revit 后，可以看到插件具有自己的功能区选项卡。

这些插件的功能区选项卡使用起来类似 Revit 自己的命令，与 Revit 自然融合。单击这些选项卡，就可以启动快速建模工具中的命令了。

5.1.3 快速建模工具在 BIM 中的突出作用

建立 BIM 模型对于设计和施工都是基础工作，工作量占比最大。提高建筑 BIM 模型创建的速度，对 BIM 在设计和施工中效率的提高具有重要作用。使用 Revit 自带的功能建模速度慢、画图标注速度缓慢，虽然 Revit 具有联动效果、改动模型后各种图纸自动更新、自动绘制出平面的构件线条等优点，标注仍需要花费比传统二维方式更多的时间。从 2004 年开始 Autodesk 就在中国推广 Revit 在设计行业中的应用，但在设计院使用的比例在没有插件的情况下进展依然缓慢。2012 年，橄榄山快模软件、理正等多个国内的 Revit 插件发布对于设计和施工中的建模工作提供了大量的插件命令，有效地加快了模型创建的速度及出图标注的速度。速度和效率是制约技术应用的关键。

具体到与本书的重点 BIM 建模具有同样的道理。目前设计院、施工总承包商及咨询机构均在创建 BIM 模型。快速建模工具的应用决定了 BIM 是否能大规模地使用，以及能否从 BIM 中产生经济效益都具有决定性作用。此外，建模这项工作是一个纯粹的投入行为，真正使 BIM 产生价值在于使用 BIM 模型来生成图纸，来指导管道综合工作，以及使用 BIM 模型和其中的数据用于施工多方协调和项目管理。快速建模工具节省建模时间，在项目团队人员固定的情况下，还可将团队的主要精力放在模型产生经济效益的工作上，这样从 BIM 中产生的经济效益和社会效益就更高了。

5.2 Revit 快速建模插件应用技术

从 2012 年开始，中国的一些建筑行业软件开发商陆续发布了一些 Revit 插件。在建模应用方面有橄榄山软件发布的橄榄山快模、鸿业软件发布的鸿业乐建、理正软件发布的理正 BIM 建筑、机电等。这些软件的发布有力地促进了中国 BIM 发展的进程。在后面的章节里，我们将以橄榄山快模软件作为例子来介绍快速建模工具软件的使用，掌握快速建模插件的功能特点，以及有哪些工具可以快速建模。

5.2.1 建筑主要构件的批量创建技术

可使用橄榄山快模创建模型中数量较大的构件，如楼层、轴线、梁柱、墙、房间等构件。数量大的构件，使用 Revit 插件命令把相同的操作步骤简化，如构件创建或构件编辑，让计算机根据输入的参数来批量完成，显著地提高了工作效率和模型的精确性。本章的内容需要安装橄榄山快模。

安装后，双击桌面上的橄榄山快模启动图标，选择 Revit 2016 来启动，启动后可以在功能区中看到【橄榄山快模】选项卡，有 11 个选项板，如图 5-4 所示。

图 5-4　插件功能选项卡

5.2.2　轴线批量创建

1. 创建矩形轴网

在功能区中选择【橄榄山快模】→【快速楼层轴网工具】→【矩形】命令，弹出矩形轴网的参数输入界面，如图 5-5 所示，下面将介绍五层办公楼的轴网。

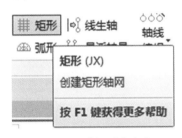

图 5-5　【矩形】命令

直接用键盘的方式键入开间进深，也可以在表格里面的下拉列表中选择开间进深的跨度和跨数。这里使用键盘输入的方式输入开间参数，选中【下开】单选按钮，在【键入】文本框中输入 2*7800 3300 7800 3000 2*7800，如图 5-6(a) 所示。输入进深参数，进深三跨，跨度分别是 7500 2400 7500，选中【左进】单选按钮，在【键入】文本框中输入 7500 2400 7500，如图 5-6(b) 所示。在轴号设置区域里面可以输入轴号样式、轴号的起始值和进深轴号规则。同时，还可以设置轴线的长度等。单击【确定】按钮后得到如图 5-7 所示的效果图。此外，还有弧形轴网、线生轴、墙生轴三个命令功能特点。

2. 其他命令功能特点

(1)【弧形】命令：生成弧形轴网，给定几个参数，生成多跨弧形轴网，速度快，如图 5-8 所示。

(2)【添轴线】命令：参照既有轴线给偏移距离来创建新轴线，后续轴线编号自动递增，用于临时在既有轴线里面添加单根轴线，如图 5-9 所示。

(3)【线生轴】命令：将模型线或详图线批量生成轴线，适合与将导入的 DWG 文件中的轴线批量生成轴线，如图 5-10 所示。

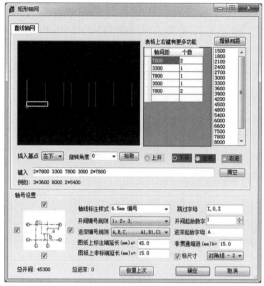

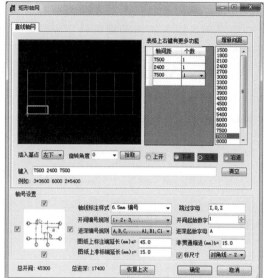

(a) 下开轴线绘制　　　　　　　　　　　　(b) 左进轴线绘制

图 5-6　用快模软件创建矩形轴网

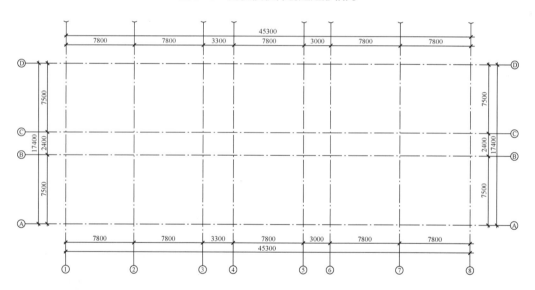

图 5-7　快速创建矩形轴网

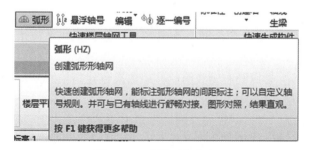

图 5-8　【弧形】命令

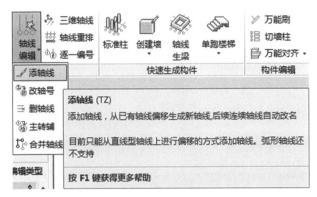

图 5-9　【添轴线】命令

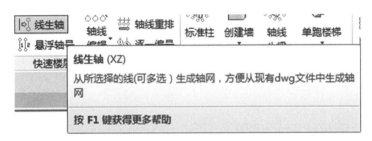

图 5-10　【线生轴】命令

(4)【墙生轴】命令：批量在 Revit 的墙中心处生成轴线，适合于先创建墙，然后依据墙来生成轴线，如图 5-11 所示。

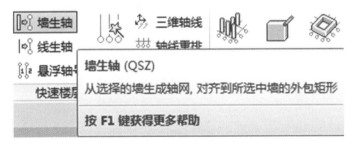

图 5-11　【墙生轴】命令

5.2.3　轴号批量创建

快模软件提供了多个轴号快速编辑的命令，如图 5-12 所示，其主要功能特点如下。

(1)【改轴号】命令：修改已有轴线序列中的一个轴号，后续轴号会随之修改递增或递减，全自动修改后续轴号。

(2)【主转辅】命令：将一根轴线转成辅助线，后续轴号会自动递减，全自动修改后续轴号。

(3)【轴线重排】命令：对平行轴线全部重排并进行批量标注，一次性批量改名速度快，如图 5-13 所示。

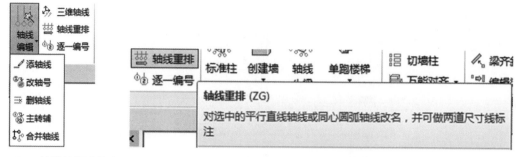

图 5-12　轴线编辑功能表　　　　　图 5-13　【轴线重排】命令

（4）【逐一编号】命令：按照单击次序来重命名轴线及房间空间等，灵活、自由地修改轴名。

5.2.4　柱子批量创建

（1）在功能区中选择【橄榄山快模】→【快速生成构件】→【标准柱】命令，弹出【布置柱】对话框，如图 5-14 所示。

图 5-14　【布置柱】对话框

　　交互布置方式不同，相应的布置柱的方式也不同，交互布置方式选择的是对话框左下方第一个选项【点选方式创建单根柱】按钮▣，如图 5-15 所示，即将插入柱子是采用逐个插入的方式，第一个插入柱子在 A1 轴线交点处，其宽、高是 610×610mm，顶高为【标高2】，底高为【标高1】。如柱子不是在轴网交汇处放置，则设置【偏心转角】并修改其横轴与纵轴数值，使其符合图纸中柱子的位置，如图 5-16 所示。

　　（2）在当前模型文档里没有 610mm×610mm 的柱子，需要来创建一个新的柱子类型。单击左侧柱子类型列表中的【混凝土矩形柱】族下面的类型 457mm×475mm，然后单击上方的【增】按钮，弹出如图 5-17 所示的对话框，修改为所需要柱子的数值及新类型名称。修改完成后单击【确定】按钮关闭对话框。

图 5-15　【点选方式创建单根柱】按钮　　　　图 5-16　修改柱参数

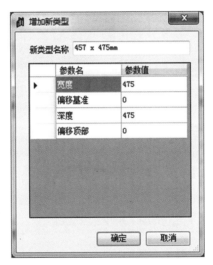

图 5-17　【增加新类型】对话框

(3) 将鼠标指针对准 A1 轴线交点处单击，就可以将柱子布置到模型中了。如果柱子没有偏心或偏心一致，单击【交互布置方式】选项组中的【点选轴线】按钮，即可在该轴线与其他轴线交点处一次性绘制出同一规格的柱子，如图 5-18 所示。或者单击【交互布置方式】选项组中的【窗选轴线】按钮，即可在窗选的范围内轴线交点处绘制出同一规格的柱子，如图 5-19 所示。

图 5-18　以点选轴线方式创建柱

图 5-19　以窗选轴线方式创建柱

5.2.5 墙体批量创建

(1) 墙体的创建过程类似于创建柱子的办法，在功能区中选择【橄榄山快模】→【快速生成构件】→【创建墙】→【轴线生墙】命令，如图 5-20 所示。弹出【轴线建墙】对话框，如图 5-21 所示。

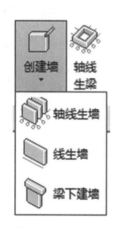

图 5-20 【创建墙】下拉菜单中的命令　　　　图 5-21 【轴线建墙】对话框

(2) 选择基线方式不同，相应的布置墙的方式也不同，一共有三种选择基线绘制墙体的方式，与绘制柱的交互布置方式类似，第一个按钮为单独绘制墙体，第二个按钮为点选轴线绘制墙体，第三个按钮为窗选区域绘制墙体。轴线生墙参数设置界面右半部设置顶底标高，以及墙上定位线。设置完成后可以直接绘制墙体。

5.2.6 楼层批量创建

中国的城市建筑绝大多数总层数在六层以上，高层建筑的层数更多。如果设计中需要修改某一层的高度，其上的楼层都要改动。使用橄榄山快模的【楼层】命令只要改动一个楼层高度，其上的楼层标高都会随之自动改动，从而大大简化了楼层的创建和编辑工作。

1. 创建楼层

在功能区中选择【橄榄山快模】→【快速楼层轴网工具】→【楼层】命令，进入楼层管理器界面。这里能批量创建楼层，编辑楼层的名字及批量编辑楼层标高，在表格里可以修改白色背景的单元格中的楼层名称和层高，绿色背景的不能编辑，可以在立面视图中删除不需要的楼层，如图 5-22 所示。

批量添加楼层标高，在【楼层管理器】对话框右边【定义标准层】选项框中输入楼层的命名规则：前缀、起始层序号和后缀，前后缀可自由输入。输入【起始层序号】为 1，【前缀】为【建筑】，【后缀】为 F。然后在【层高】文本框中输入 4000，在【层数量】微调框中输入 2。在表格上单击目前最高的那个标高。最后单击【当前层上加层】按钮，就会在表格中光标所在标高上方添加两个间距为 4000mm 的楼层标高。同理，若添加地下室楼层标高，可以单击最下面的标高，然后单击【当前层下加层】按钮来向下插入楼层标高。

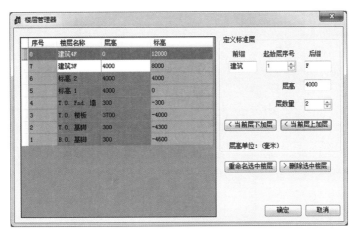

图 5-22　【楼层管理器】对话框

2. 修改楼层的名称

(1) 修改某楼层的名字：在白色背景的【楼层名称】列双击任一个单元格，修改楼层名称。

(2) 修改楼层高度：在【层高】列双击一个单元格，修改该标高上侧的楼层的高度。按 Enter 键后，其上部楼层的标高会全部自动更新成新的标高，节省了逐个修改上部楼层的操作步骤。

(3) 批量修改标高的名字：在左侧的表格中选择多个标高，单击第一个楼层后，按 Shift 键的同时单击来选择多个标高，然后单击【重命名选中楼层】按钮，弹出【重命名楼层】对话框进行修改，如图 5-23 所示。

图 5-23　【重命名楼层】对话框

在界面上对楼层标高做了这些添加和编辑操作后，单击【确定】按钮，所做的修改就在模型里生效了。

5.2.7　其他构件快速建模

(1)【线生墙】命令：把模型线或详图线、面积边界线、房间分隔线、批量转成 Revit

墙体。墙体的偏心定位由用户来选择，适用于快速将导入的 DWG 文件中的墙基线转换成 Revit 墙体，如图 5-24 所示。

（2）【轴线生梁】命令：在轴线上批量创建梁构件，批量布置速度快，如图 5-25 所示。

（3）【线生管】命令：将二维的线生成 Revit 管道。同时选择多根线时，软件自动创建弯头、三通和四通来连接管道，快速创建管道，自动连接管道，如图 5-26 所示。

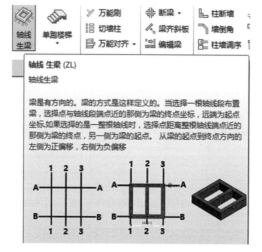

图 5-24 【线生墙】命令　　图 5-25 【轴线生梁】命令　　图 5-26 【线生管】命令

5.2.8 快速编辑构件工具的使用

橄榄山生成轴网 .mp4

快速编辑构件工具 (在描述操作过程时，可称其为命令) 如下所述。

1. 万能刷

使用【万能刷】工具可以将一个构件的类型和参数值应用到另一批选中的同类构件上，可大大地加快变换构件的速度，减少不必要的操作，如图 5-27 所示。

2. 切墙柱

使用【切墙柱】工具可以将跨基层的墙、柱构件按照楼层标高切分成多个构件，可批量对多个墙、柱进行切分，效率高且减少许多烦琐操作，如图 5-28 所示。

3. 柱齐墙边

使用【柱齐墙边】工具可以批量将柱子的一面对齐到墙的表面，可以同时对多个柱子进行对齐操作，减少重复操作，快速编辑，如图 5-29 所示。

4. 墙齐柱边

使用【墙齐柱边】工具可以批量将墙面对齐到柱子的表面，可以同时对多个墙进行对齐操作，减少重复操作，如图 5-30 所示。

BIM 建模技术基础与工程实例

120

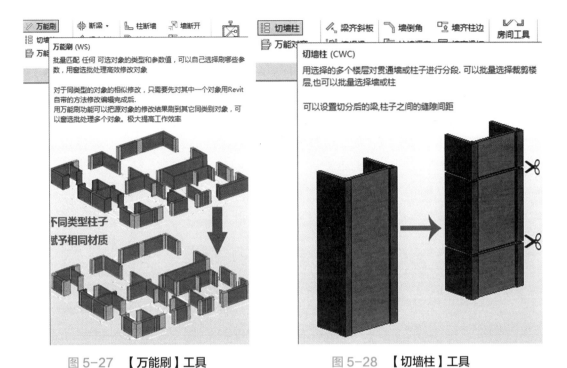

图 5-27　【万能刷】工具　　　　　　　　图 5-28　【切墙柱】工具

5. 智能开洞

使用【智能开洞】工具可以在风管、水管、桥架的穿墙位置全自动开洞口，并添加套管。支持管线在链接模型中，对主模型中的墙开洞口。效率高还可以有多种洞口尺寸和套管尺寸选择，如图 5-31 所示。

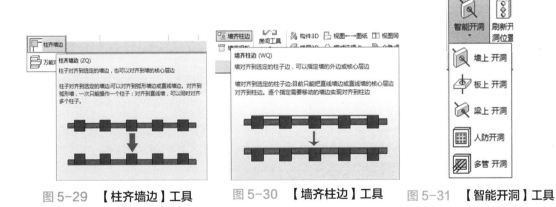

图 5-29　【柱齐墙边】工具　　　图 5-30　【墙齐柱边】工具　　　图 5-31　【智能开洞】工具

6. 柱断墙

使用【柱断墙】工具可以把深入柱子的墙头去掉。若墙穿过多根柱子，会将墙在柱间分成多段，清理重叠部分的墙，当墙上有门窗时，墙被切后门窗位置不变，如图 5-32 所示。

7. 墙齐梁板

使用【墙齐梁板】工具可以将墙顶部对齐到梁底或板底。梁板构件可以在链接模型中，也可以在当前模型里，建模时一般把墙顶到上部楼层。本命令批量地将墙的高度精确匹配，如图 5-33 所示。

8. 标注居中

使用【房间工具】中的【标注居中】命令可以将房间标注全部居中，一键操作，简单快捷，如图 5-34 所示。

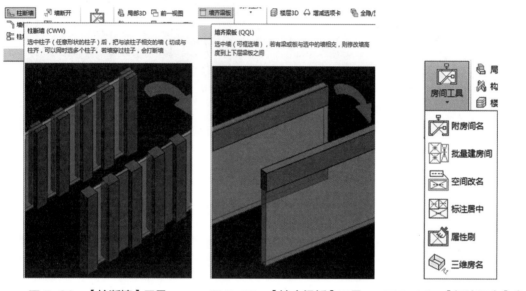

图 5-32　【柱断墙】工具　　　　图 5-33　【墙齐梁板】工具　　图 5-34　【标注居中】命令

9. 空间改名

使用【房间工具】中的【空间改名】命令可以将空间的名字改为所在房间的名字，节省了大量的逐个修改空间名字的操作，如图 5-35 所示。

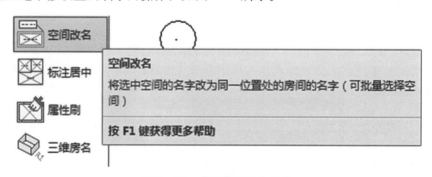

图 5-35　【空间改名】命令

10. 附房间名

使用【房间工具】中的【附房间名】命令可以在房间内的族实例上添加房间名字，让族实例上有房间信息，便于后期管理，如图 5-36 所示。

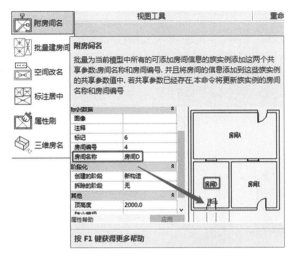

图 5-36 【附房间名】命令

11. 批量建板

使用【批量建板】工具可以梁、墙、柱为边界批量创建楼板，每个封闭的区域都有一个楼板。一次性可以创建一个楼层的楼板，如图 5-37 所示。

12. 构造柱

使用【构造柱】工具可以批量根据规范的要求为墙创建构造柱（一字形、L 形、T 字形、十字形的构造柱），在模型基础上一键完成，大幅地提高效率，如图 5-38 所示。

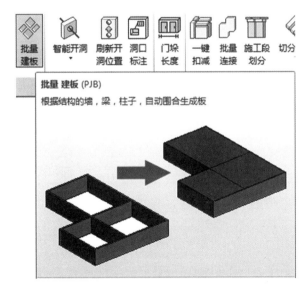

图 5-37 【批量建板】工具

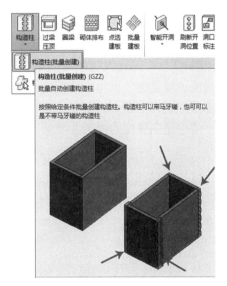

图 5-38 【构造柱】工具

13. 圈梁

使用【圈梁】工具可以为指定的墙创建圈梁，一键创建，如图 5-39 所示。

14. 智能翻弯

使用【智能翻弯】工具可以为风管、水管、桥架、线管做管道翻弯。指定翻弯起点、终点、偏移距离和角度后，自动形成翻弯，大幅度加快机电建模速度。将翻弯多步操作一步完成，并且可以对平行的一排管道进行批量翻弯，美观一致，如图 5-40 所示。

图 5-39 【圈梁】工具

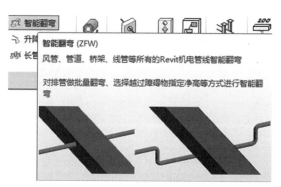

图 5-40 【智能翻弯】工具

5.3 快速建模中的视图工具与控制

Revit 自带的三维视图可以勾选裁剪框属性，并调整裁剪框的范围，只具体显示模型的局部。但是这个操作比较烦琐、步骤多。使用快模软件中的三视图命令可以快速地创建局部模型的视图。

快速建模软件的视图工具如下。

1. 局部 3D

使用【局部 3D】工具可以在平面视图上框选范围来生成该范围内的构件三维视图。用户可以指定楼层范围，精确地展示局部三维视图，如图 5-41 所示。

橄榄山
柱切墙 .mp4

2. 构件 3D

使用【构件 3D】工具可以为选中的单个或多个构件生成三维视图，其他构件都不显示，能够清楚地在三维视图中显示构件的形状，以及构件与构件之间的关系，如图 5-41 所示。

3. 楼层 3D

使用【楼层 3D】工具可以生成指定一层或多层的三维视图，如图 5-41 所示。

图 5-41　视图工具

5.4　如何快速选择工具

建模过程中需要大量使用的工具如下。

1. 快速过滤

使用【快速过滤】工具可以根据 Revit 的类别对已经选中的构件进行筛选，满足快速选择的需要，如图 5-42 所示。

2. 精细过滤

使用【精细过滤】工具可以选择那些指定族类型以及在指定楼层上的构件，还可以附加参数更进一步地精细选择，满足过滤需求，如图 5-42 所示。

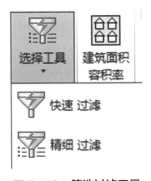

图 5-42　筛选过滤工具

5.5　从 DWG 施工图到 Revit 神速建模技术

现阶段大量的 Revit 建模都是基于已有建筑设计 DWG 文件的模式，业界通常称之为 BIM 翻模。快模软件提供了结构 BIM 自动翻模、建筑 BIM 自动翻模和管道 BIM 自动翻模。相比手动导入 DWG 文件到 Revit 中然后逐个创建建筑构件，快模软件的自动翻模可以数十倍地提高 BIM 建模效率，且准确率高，显著地减少 BIM 从业公司的运营成本。

橄榄山 BIM 自动翻模的原理是在 AutoCAD 里根据用户指定的图层信息，程序根据线条的图层来判别其所属的构件，然后提取线条的坐标，并智能分析与其他线条的关系来计算出构件的位置和尺寸，因此获取 DWG 中线条所表达的构件信息。

1. 结构 BIM 自动翻模的操作技术

当前混凝土结构居多，一般都是用平法来表达，翻模软件会智能识别平法标注。

(1) 适用于钢筋混凝土结构的平法 DWG 文件。

(2) 将平法所表示的轴线、轴号、柱 (含异型柱) 和柱编号、梁和梁编号、墙在 Revit 里创建出来。

(3) 梁顶的高差偏移可读取出来并在 Revit 结构模型中表达出来。

(4) 结构翻模中，直线梁会自动分跨，连梁可以进行翻模。

(5) 梁的集中标注和原位尺寸标注可以智能读取，原位标注文字距离梁的距离可以在翻模界面上指定。

(6) 生成的 Revit 梁的类型带有梁的编号信息及梁的截面尺寸，可自定义梁类型名称。

2. 在 Revit 里指定中间文件创建 Revit 三维模型

下面以五层办公楼"18.550 梁平法平面图"为例进行快速翻模。

(1) 在功能区中选择【插入】→【链接 CAD】→【链接 18.550 梁平法平面图】命令，与轴网的位置对齐。

(2) 在功能区中选择【GLS 土建】→【土建综合翻模】→【结构翻模】命令，如图 5-43 和图 5-44 所示。

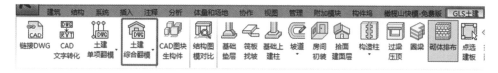

图 5-43 【土建综合翻模】选项

图 5-44 【结构翻模】命令

橄榄山局部
3D.mp4

(3) 因为链接的 CAD 图是梁平法平面图，依次单击【点选梁】→【点选梁引线】→【点选梁标注】→【连梁设置】进行设置，直到图上看不到需要翻模的构件内容，图层都选好后，单击【确定】按钮，如图 5-45 所示。

(4) 单击上方【梁】选项卡，指定梁所需要的梁族类型，这里根据图纸要求进行设置。在左下角设置顶、底标高，这里设置顶标高为标高 2，底标高为标高 1，将在这两个标高之间绘制构件，如图 5-46 所示。

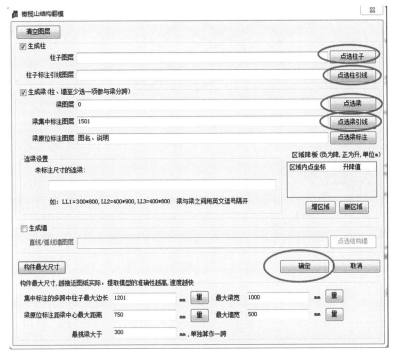

橄榄山类别
过滤 .mp4

图 5-45　结构翻模设置

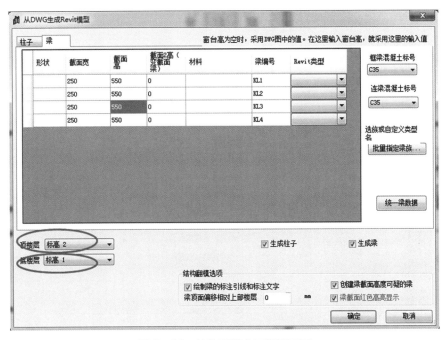

图 5-46　结构翻模交互设置界面

(5) 设置完成后单击【确定】按钮，得到如图 5-47 所示的三维结构梁模型。

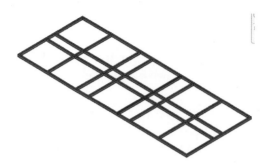

图 5-47 结构 BIM 自动翻模的结果

3. 建筑 BIM 自动翻模操作技术

快模软件的建筑 DWG 自动翻模，可将建筑施工图自动翻模成 Revit 建模模型。该功能可将建筑施工图中的主要构件轴线轴号、墙柱异型柱、门窗和门窗编号、门窗的开启方向、房间和房间名全自动创建出来。根据门窗编号中的高度信息，软件智能准确地读取门窗的高度。建筑 BIM 翻模的操作过程大体同前文的结构 DWG 自动翻模一样。橄榄山快模全面支持建筑软件绘制的建筑图。

(1)在功能区中选择【插入】→【链接 CAD】→【一层平面图】命令，与轴网的位置对齐。

(2)在功能区中选择【GLS 土建】→【土建综合翻模】→【建筑翻模】命令，如图 5-48 所示。

设置参数，点选类型，点选完毕后单击【确定】按钮，如图 5-49 所示，在之后弹出的对话框中设置柱、墙、门窗的尺寸、材质、标高、族类型，全部参数设置完成后，单击【确定】按钮，如图 5-50 所示。

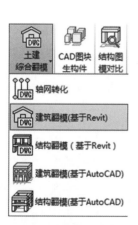

图 5-48 【建筑翻模】命令

图 5-49 设置建筑翻模参数

得到如图 5-51 所示的建筑翻模模型，自动翻模后有些细微处还需手动连接或更改调整。

图 5-50　设置墙、柱子、门窗的参数

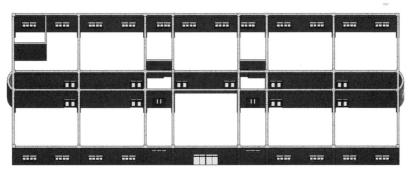

图 5-51　建筑 BIM 自动翻模

5.6　结构钢筋

　　Revit 提供实体钢筋建模功能，虽然目前国内流行"平法"这种结构施工图制图方法，其结构配筋的绘图方法与 Revit 的钢筋表达有差异，但在一些需要详细表达结构配筋的情况，如钢筋较密集区域的结构节点、要进行较详细的钢筋工序模拟等情况，Revit 的实体钢筋模型就可以更详尽、更清晰地表达其真实情况。本节以梁配筋为例，讲解基本的钢筋建模方法。

5.6.1 设置国标钢筋符号

目前 Revit 尚不能输入 HPB300(A)、HRB335(B)、HRB400(C)、RRB400(D) 等钢筋的符号，因此，需要对微软的操作系统 Windows 字库进行定制以支持中国钢筋符号的显示要求，有如下两种方法。

1. 方法一

找到本书附带的 Windows 字库文件 Revit.tff，双击该文件，在提示窗口中单击【安装】按钮进行安装，如图 5-52 所示。

图 5-52　字库安装窗口

2. 方法二

找到本书附带的 Windows 字库文件 Revit.tff，然后复制到 Windows 字库目录中，如下路径：系统盘 (默认为 C):\windows\fonts\。

在 Revit. tff 字库中使用以下特殊符号将显示出国标钢筋符号。

$ 代表 HPB300，输入后显示的符号为 A。

% 代表 HRB335，输入后显示的符号为 B。

& 代表 HRB400，输入后显示的符号为 C。

代表 RRB400，输入后显示的符号为 D。

例如，在 Revit 字体下输入 %8@150 即显示为 A8@150，要在模型中标注出国标的钢筋符号，可在类型标记中添加钢筋符号和直径，以便结构钢筋标记族获取【类型标记】。在项目浏览器的族列表中展开【结构钢筋】下的【钢筋】，Revit 默认包含了常用的钢筋规格，如图 5-53 所示。

例如，修改 8HPB300 钢筋族，单击 8HPB300，打开【类型属性】窗口，在【类型标记】栏中输入 $8，如图 5-54 所示。

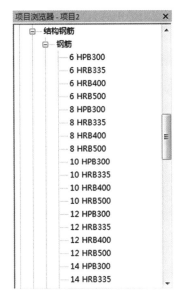

图 5-53　结构钢筋

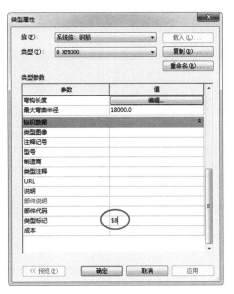

图 5-54　结构钢筋族类型属性

5.6.2　梁配筋

以框梁配筋为例，选取一跨梁进行配筋。

1. 创建配筋视图

在功能区中选择【视图】→【立面】→【框架立面】命令，如图 5-55 所示，添加框架立面视图。注意，视图中必须有轴网，才能添加框架立面视图。

图 5-55　【框架立面】命令

将光标移动到梁上，出现立面符号，稍微移动光标位置可改变框架立面的视图方向，单击放置框架立面，如图 5-56 所示。

单击框架立面符号右键菜单【进入立面视图】，调整框架立面视图的比例为 1 ： 50，视图详细程度改为【精细】，以便突出钢筋的显示。

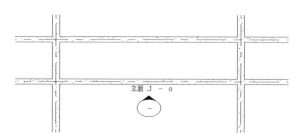

图 5-56 放置框架立面

2. 创建箍筋

通常先配置箍筋，后配置纵筋，以便于纵筋在箍筋内的定位。如图 5-57 所示，梁的箍筋为四肢箍，加密区为 $\Phi10@100$，非加密箍筋为 $\Phi10@200$，先配置加密区。

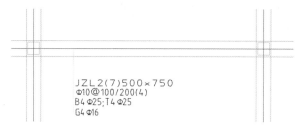

图 5-57 基础主梁配筋标注

在功能区中选择【结构】→【钢筋】命令，出现【钢筋形状浏览器】面板，选择【钢筋形状：33】（由于 Revit 默认没有四肢箍，先创建双肢箍，再改为四肢箍），如图 5-58 所示。

图 5-58 【钢筋形状浏览器】面板

在钢筋属性栏选择 10HRB335 钢筋，选择【修改 | 放置钢筋】→【垂直于保护层】的放置方向，布局改为【最大间距】，间距修改为 100.0mm，如图 5-59 所示（数量系统会自动生成）。单击梁放置箍筋，如图 5-60 所示。

图 5-59　放置钢筋

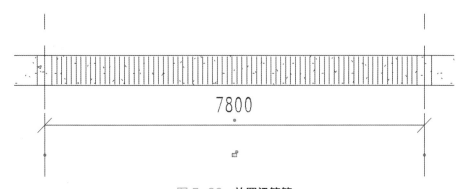

图 5-60　放置梁箍筋

选择箍筋（有时不好选中箍筋，可通过 Tab 键循环选择），出现造型操纵柄，拖动至箍筋加密范围（加密范围参考图纸）的参照平面位置，如图 5-61 所示。

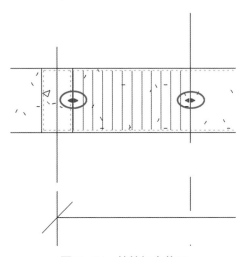

图 5-61　箍筋加密范围

要把双肢箍改为四肢箍，需要对箍筋的形状进行修改，在箍筋加密区创建剖面视图，转到剖面视图（如果箍筋弯钩位置不合适，可在选中箍筋状态下重复按空格键调整弯钩至

正确位置）。当箍筋处于选中状态时，可拖曳蓝色造型控制柄，如图 5-62 所示，把箍筋宽度改窄。

复制箍筋，组成四肢箍，如图 5-63 所示。

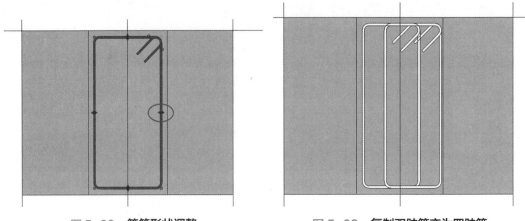

图 5-62　箍筋形状调整　　　　　图 5-63　复制双肢箍变为四肢箍

转到框架立面视图，使用镜像功能，把梁左端完成的加密箍筋镜像到右端，梁中部非加密区箍筋也参照上述方法进行，最后完成的结果如图 5-64 所示（两端为加密区，中部为非加密区）。

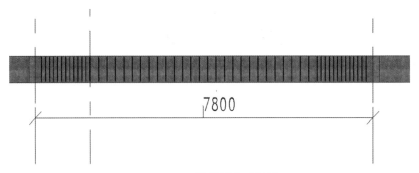

图 5-64　梁箍筋完成结果

3. 创建纵筋

G 表示构造钢筋，N 表示抗扭钢筋，T 表示顶部贯通钢筋，B 表示底部贯通钢筋。

钢筋按在结构中的作用分为受压钢筋、受拉钢筋、架立钢筋、分布钢筋、箍筋等。配置在钢筋混凝土结构中的钢筋，按其作用可分为下列几种。

(1) 受力筋：承受拉、压应力的钢筋。

(2) 箍筋：承受一部分斜拉应力，并固定受力筋的位置，多用于梁和柱内。

(3) 架立筋：用于固定梁内钢箍的位置，构成梁内的钢筋骨架。

(4) 分布筋：用于屋面板、楼板内，与板的受力筋垂直布置，将承受的重量均匀地传给受力筋，并固定受力筋的位置，以及抵抗热胀冷缩所引起的温度变形。

(5) 其他因构件构造要求或施工安装需要而配置的构造筋，如腰筋、预埋锚固筋、预应力筋、环等。

按照图纸中标注所示，该跨梁纵筋参数如下。

顶部：4B25 贯通钢筋。

侧面：4B16 构造钢筋。

底部：4B25 贯通钢筋。

先绘制顶部贯通钢筋，在梁中部创建剖面视图，然后转到剖面视图，在功能区中选择【结构】→【钢筋】命令，弹出【钢筋形状浏览器】面板，选择【钢筋形状 01】，在属性栏选择钢筋 25HRB335，然后选择【修改｜放置钢筋】→【垂直于保护层】，这样就可以把纵筋放置到合适的位置，为了使钢筋位置定位准确，可临时创建参照平面来辅助定位，单击【放置】按钮即可，如图 5-65 所示。

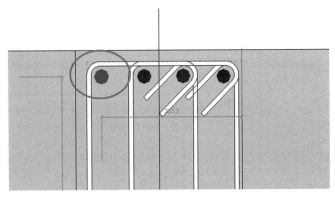

图 5-65　梁顶部纵筋创建

按上述方法完成其他纵筋，由于梁侧还有构造筋，所以还需按构造添加拉筋【钢筋形状 02】。Revit 纵筋长度默认为梁的长度，所以锚固、搭接等长度需要用户自行调整，可转到框架立面视图，通过拖动选中的钢筋后出现的造型操纵柄进行长度调整，如图 5-66所示。

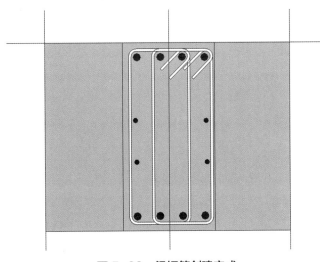

图 5-66　梁钢筋创建完成

4. 三维视图显示实体钢筋

由于实体钢筋模型需要消耗大量的计算机资源，所以 Revit 在三维视图中默认是使用单线条来表示钢筋，如果需要显示比较真实的实体钢筋效果，需要修改当前视图钢筋的显示方式。选择要显示的钢筋 (使用过滤器可更方便地筛选钢筋)，在属性栏，单击视图可见性状态的【编辑】按钮，如图 5-67 所示。

在【钢筋图元视图可见性状态】对话框，勾选需要显示实体钢筋的视图，如图 5-68 所示，设置完成后的钢筋真实显示效果就会在三维视图中显示出来。

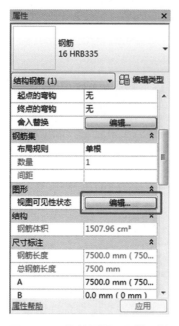

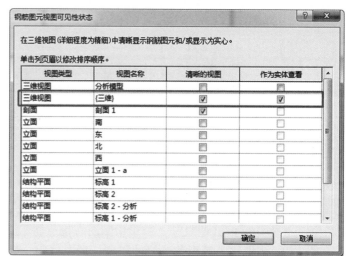

图 5-67　钢筋视图可见性属性　　　　　图 5-68　【钢筋视图可见性状态】对话框

不要大量使用实体钢筋的显示方式，以免计算机性能急剧下降，建议只在需要显示实体钢筋的局部区域使用。

本小节叙述了结构梁配筋的方法，对于柱、板、墙等结构构件的钢筋创建，方法相似，可参考结构梁的配筋方法，对其他结构构件进行钢筋的创建，此处不再赘述。

第6章 暖通空调系统 Revit 建模与工程应用

 【教学目标】

(1) 案例介绍。
(2) 项目准备。
(3) 了解暖通空调系统。
(4) 创建项目文件。
(5) 绘制暖通系统构件。

 【教学要求】

本章要点	掌握层次	相关知识点
项目准备	(1) 了解案例介绍 (2) 熟悉项目准备说明	案例解析
暖通系统的创建	(1) 了解暖通空调系统的各个构件 (2) 掌握暖通空调系统结构	风管、空调设备
创建项目文件并绘制暖通系统	(1) 创建暖通项目样板 (2) 掌握统计整个暖通系统所需设备构件的方法 (3) 掌握绘制风管及构件的方法	暖通系统

Revit 为暖通设计提供风管和管道尺寸计算工具，可根据不同的计算方法确定干管、支管及整个系统的管道尺寸。具有快速的计算分析功能，通过冷、热负荷计算工具，可以帮助用户进行分析并生成负荷计算书。检查工具及明细表，帮助用户自动计算压力和流量等系统信息，检查系统设计的合理性。同时也可进行三维建模，直观地反映设计布局，实现所见即所得。

6.1 案例介绍

从本章开始，将通过在 Revit 中进行操作，以三层别墅项目为蓝本，从零开始进行通风系统模型的创建。通过实际案例的模型建立过程让读者了解通风系统建模基础，熟悉并掌握风管、附件、连接件、空调设备的创建、编辑、修改。

6.2 项目准备

本案例项目中，暖通空调专业不细分文件，统一创建【暖通】模型文件，设置的系统包括风管排风、送风系统、空调冷凝水系统。

在进行模型创建之前，读者要熟悉三层别墅项目的基本情况。

项目说明：

工程名称：别墅。

建筑层数：地上 3 层。

建筑结构安全等级为二级，结构设计使用年限为 50 年。

建筑结构为钢筋混凝土框架结构。

建筑物 ±0.000 相当于绝对标高。

暖通专业系统：排风、送风、空调冷凝水系统。

6.3 创建项目文件

1. 新建暖通项目文件

启动 Revit 2016，选择【机械样板】新建项目，进入项目绘图界面，如图 6-1 所示。

图 6-1 【新建项目】对话框

在新建项目的【项目浏览器 - 项目 1】面板中可以看到，项目视图默认按【卫浴】和【机械】规程排布，如图 6-2 所示。

2. 新建暖通系统

在 Revit 中暖通专业要用到【风管】和【管道】两种系统的管线，风管属于【风管系统】，空调冷凝水要归类到【管道系统】中。

在项目浏览器中，打开【族】下拉列表，在【风管系统】下列出的是软件自带的系统，根据案例项目要求，如系统没有则复制新建【排风】、【送风】两个系统，如图 6-3 所示。

图 6-2　暖通项目文件界面　　　　　图 6-3　新建【风管系统】

本案例项目中，空调冷凝水不再细分系统，在【管道系统】下拉列表中，复制新建【冷凝水系统】即可。

3. 过滤器设置

为了辨别不同系统的管线，通常需要给管线赋予不同的表面颜色，通常采用过滤器的方式来定义管道系统颜色。

单击【属性】面板【可见性 / 图形替换】栏的【编辑】按钮，弹出【可见性 / 图形替换】对话框，选择【过滤器】选项卡，也可以按 V+V 快捷键，如图 6-4 所示。

在【过滤器】选项卡中，单击【编辑 / 新建】按钮，打开【过滤器】对话框，左边【过滤器】一栏中有预设的过滤器，如图 6-5 所示。

单击【过滤器】列表框下方的按钮新建并命名一个新的过滤器，比如【送风系统】，如图 6-6 所示。在【过滤器】对话框中为过滤器设置合适的类别和过滤条件，如图 6-7 所示，单击【确定】按钮 (系统已自动创建，如需其他过滤器系统请自行创建)。

在【可见性 / 图形替换】对话框中的【过滤器】选项卡中，单击【添加】按钮，弹出【添加过滤器】对话框，选择刚刚新建的过滤器，如图 6-8 所示。

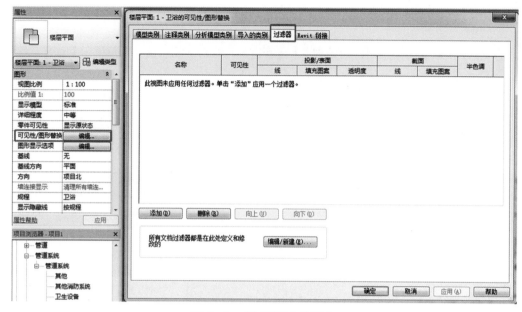

图 6-4 【过滤器】选项卡

图 6-5 【过滤器】对话框

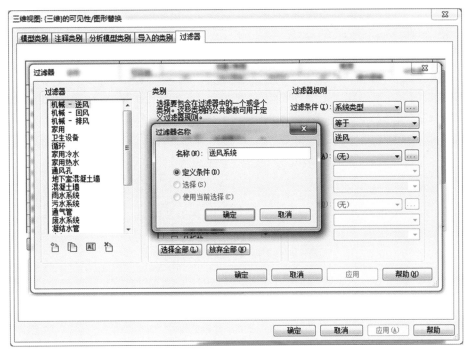

图 6-6　过滤器的命名

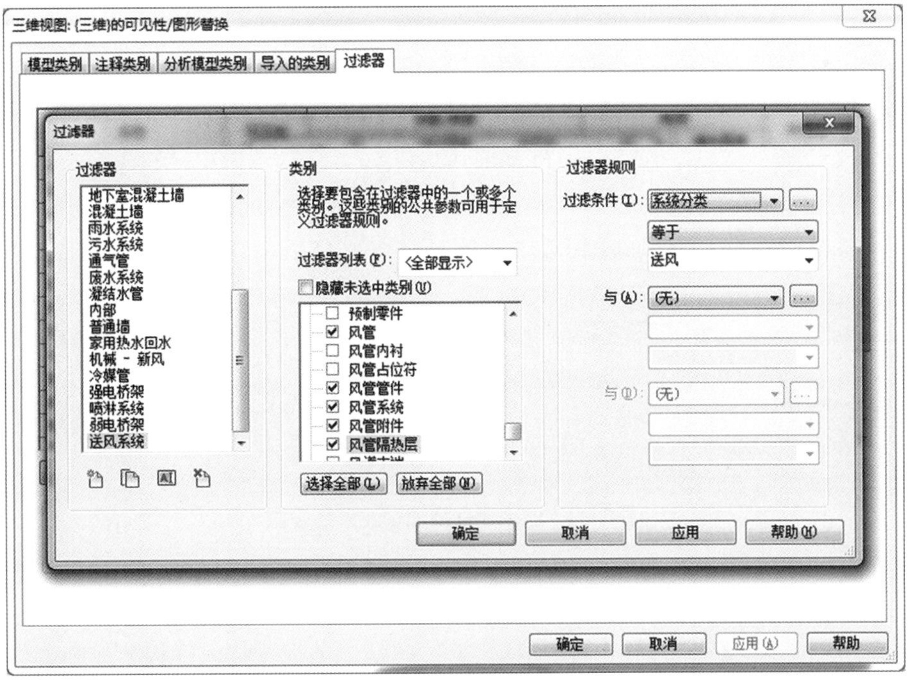

图 6-7　过滤器的设置

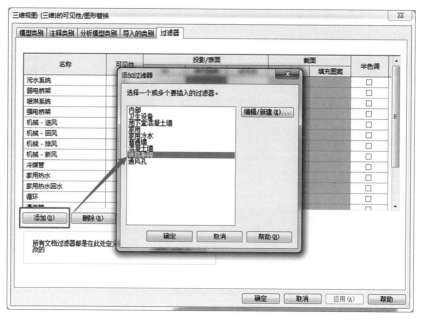

图 6-8　添加过滤器到视图

添加过滤器后，在【投影/表面】下的【填充图案】处，选择替换的颜色和填充图案，按照以上步骤可以添加其他所需的过滤器，完成后如图 6-9 所示。

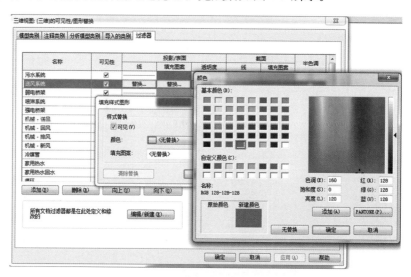

图 6-9　过滤器在视图中的颜色设置

需要注意的是，过滤器是基于视图的设置，如果要在其他视图中应用该过滤器，可使用【视图样板】的功能，将过滤器传递到其他视图。

在功能区中选择【视图】→【视图样板】→【从当前视图创建样板】命令，如图 6-10所示，或是在项目浏览器的视图列表中找到【三维】视图并右击，在弹出的快捷菜单中选择【通过视图创建视图样板】命令，如图 6-11 所示，在弹出的命名框中取名【送风系统】，进入【视图样板】对话框。

图 6-10　【视图样板】下拉菜单　　　　　　图 6-11　视图的右键快捷菜单

在【视图样板】对话框的右侧【视图属性】里，仅勾选【V/G 替换过滤器】复选框，就新建了一个专用的过滤器样板。

要在其他视图中应用该视图样板，则要在应用的视图中，选择【视图样板】下拉菜单中的【将样板属性应用于当前视图】命令，或是在项目浏览器的视图列表中找到要用的视图并右击，在弹出的快捷菜单中选择【应用样板属性】命令，在弹出的【视图样板】对话框中，选择该视图样板即可，如图 6-12 所示。

图 6-12　创建过滤器样板

6.4　通风系统的创建

本节主要讲解通风设备的创建、通风管道的创建、风管显示、按照底图绘制风管等内容，熟悉通风系统的结构。

6.4.1 通风设备

1. 链接文件，导入建筑结构模型，创建标高

首先根据建筑结构模型的位置进行建模，所以在建模前，先将建筑结构的模型文件链接进来，然后再将 DWG 图纸链接进来作为参照。

在功能区中选择【插入】→【链接 Revit】命令，弹出【导入 / 链接 RVT】对话框，找到建筑和结构的模型文件，在【定位】下拉列表框中选择【自动 - 原点到原点】选项，单击【打开】按钮，如图 6-13 所示。

图 6-13 导入建筑和结构模型

我们以创建一层送风平面图为例，链接好建筑和结构的 Revit 文件后，进入到立面视图，根据链接的建筑模型标高绘制项目的标高，得到一层平面视图。

在新建项目样板文件中，系统自带了两个标高，分别为【标高 1】和【标高 2】，链接土建模型后，按照建筑模型的标高，进行暖通专业标高的绘制 (可手动绘制，也可按照之前章节讲过的快捷软件绘制)。

绘制完毕后，在一层平面视图中选择功能区中【插入】→【链接 CAD】命令，弹出【链接 CAD 格式】对话框，选择【一层空调送风平面图】，将【导入单位】设为【毫米】，【定位】设置为【自动 - 原点到原点】，如图 6-14 所示。

单击【打开】按钮，将文件链接进来，此时 CAD 底图的位置与模型位置不一定重合，需要根据轴网位置，使用对齐命令将 CAD 底图与之前链接的 Revit 建筑结构文件对齐，与绘制的标高轴网对齐。

2. 常用通风设备

在功能区中选择【系统】→【机械设备】命令，插入空调室外机，根据图纸选择要插入的空调设备族，设置偏移量 (有些室外机安装在同楼层，有些室外机安装在屋顶，注意调整设备的偏移量)。单击【编辑类型】按钮可以对风机的具体参数进行设置和调整,达到使用的目的,如图 6-15 所示。

图 6-14　链接暖通图纸

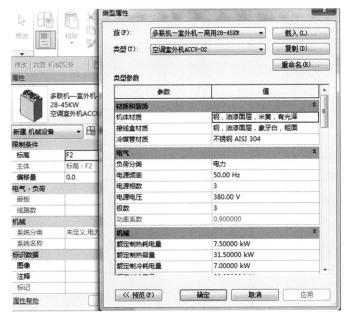

图 6-15　插入通风设备

单击插入的风机,按照图纸要求单击放置到正确的位置。

目前一些类型的管件可以在【类型属性】对话框中指定:弯头、T 形三通、接头、四通、过渡件(变径)、多形状过渡件矩形到圆形、多形状过渡件椭圆到圆形、活接头。可以根

据自己的需要替换相应的风管管件族。

在【类型属性】对话框中，有些管件在列表中无法指定，如偏移、Y 形三通、斜 T 形三通、多端口，使用时需要手动插入到风管中或者将管件放置到所需位置后手动绘制风管。

6.4.2 通风管道

1. 通风管道模型创建

此处以一层风管为例，将链接进来的图纸作为参照，我们来绘制底面尺寸为 250mm×320mm、管顶标高为 3185mm 的送风管。

进入一层平面视图，在功能区中选择【系统】→【风管】命令 (见图 6-16)，风管的属性框和选项框的参数设置如图 6-17 所示。

本案例采用默认的风管类型，在其【属性】面板上方的下拉列表中选择【矩形风管】选项，如果在选项栏的尺寸设置下拉列表框中没有所需的尺寸，可以自行添加，如图 6-17 所示。

图 6-16　选择【风管】命令　　　　图 6-17　矩形风管属性

打开风管的【类型属性】对话框，单击【布管系统配置】后的【编辑】按钮，在弹出的【布管系统配置】对话框中，单击【风管尺寸】按钮，打开【机械设置】对话框，自行添加需要的尺寸，如图 6-18 所示。或者，在功能区中选择【管理】→【MEP 设置】→【机械设置】命令，同样可以打开【机械设置】对话框，如图 6-19 所示。

2. 风管对正

在平面视图和三维视图中绘制风管时，可以通过【修改 | 放置风管】选项卡中的【对正】命令指定风管的对齐方式，选择【对正】命令，打开【对正编辑器】面板，如图 6-20 所示。

一般暖通设计管线都以管顶标高为基准，所以此处将管道对正设为顶对齐，要注意的是，管道绘制完成后，【偏移量】会自动显示管中高度。

水平对正：当前视图下，以风管的【中心】、【左】、【右】侧边缘作为参照，将相邻两段风管边缘进行水平对齐。

图 6-18　设置风管尺寸

图 6-19　【机械设置】命令　　　　　图 6-20　【对正编辑器】面板

水平偏移：用于指定风管绘制起点位置与实际风管和墙体等参考图元之间的水平偏移距离。

垂直对正：当前视图下，以风管的【中】、【底】、【顶】作为参照，将相邻两段风管边缘进行垂直对齐。

3. 自动连接

【修改 | 放置风管】选项卡中的【自动连接】命令，用于某一段风管管路开始或者结束时自动捕捉相交风管，并添加风管管件完成连接。默认情况下，这一选项是勾选的。如绘制两段在同一高程的正交风管，将自动添加风管管件完成连接。

4. 风管保温

单击通风管道，在上方功能区的选项卡中会出现【添加隔热层】与【添加内衬】两个选项，【添加隔热层】一般使用【保温层】，单击【添加隔热层】，弹出【添加风管隔热层】对话框，进行添加，如图 6-21 所示。

图 6-21　【添加风管隔热层】对话框

6.4.3　风管显示

1. 视图详细程度

Revit 2016 视图的详细程度可以设置三种：粗略、中等和精细。

在粗略程度下，风管默认为单线显示，在中等和精细程度下，风管默认为双线显示，风管在三种不同详细程度下的显示不能自定义修改，必须使用软件设置，在创建风管管件和风管附件等相关族时，应注意配合风管的显示特性，尽量使风管管件和风管附件在粗略程度下单线显示，中等和精细视图下双线显示，确保风管管路看起来协调一致。

2. 可见性 / 图形替换

在功能区中选择【视图】→【可见性 / 图形替换】命令，或者通过快捷键 V+V 打开当前视图的【可见性 / 图形替换】对话框。在【模型类别】选项中可以设置风管的可见性。勾选表示可见，不勾选表示不可见。设置【风管】族类别可以整体控制风管的可见性，还可以分别设置风管族的子类别，如衬层、隔热层等控制不同子类别的可见性。如图 6-22 所示的设置表示风管族中所有子类别都可见。

【模型类别】选项卡中右侧的【详细程度】选项可以控制风管族在当前视图显示的详细程度。默认情况下详细程度选择【按视图】，即根据视图的详细程度设置显示风管。如果风管族的详细程度设置为【粗略】或者【中等】或者【精细】，风管的显示将不依据当前视图详细程度的变化而变化，只根据选择的详细程度显示。如在某一视图中将详细程度设成【精细】，风管的详细程度通过【可见性 / 图形替换】对话框设成【粗略】，风管在该视图下将以【粗略】程度的单线显示。

3. 风管图例

平面视图中的风管，可以根据风管的某一参数进行着色，帮助用户分析系统。

4. 隐藏线

【机械设置】对话框中【隐藏线】的设置，主要用来设置图元之间交叉、发生遮挡关系时的显示，如图 6-23 所示。

图 6-22　模型可见性的设置

图 6-23　隐藏线的设置

6.4.4　按照 CAD 底图绘制风管

1. 绘制一层送风模型

以创建一层送风风管为例，将一层空调平面图链接进项目作为参照，如图 6-24 所示。

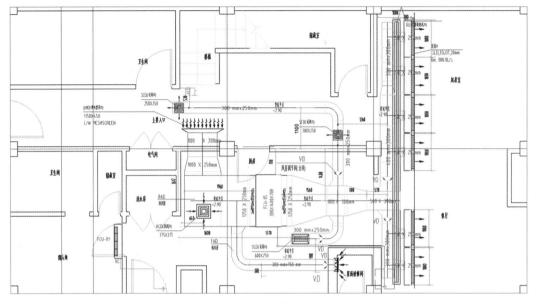

图 6-24　一层空调平面图

我们绘制底面尺寸为 300mm × 300mm、管顶标高为 3200mm 的送风管。进入一层平面视图并在功能区中选择【系统】→【风管】命令，如图 6-25 所示，风管的【属性】面板和选项栏的参数设置，如图 6-26 所示。

图 6-25　选择【风管】命令

图 6-26　风管的【属性】面板和选项栏的参数设置

一般暖通设计管线都是以管顶标高为基准，所以此处将【垂直对正】设置为顶对齐，【偏移量】设置为相对于一层标高的顶部偏移值 3200，如图 6-27 所示。需要注意的是，管道绘制完成后，【偏移量】会自动显示管中高度。比如绘制好的送风风管，选中查看其属性栏，其中偏移量会显示为 3050.0mm，如图 6-28 所示。

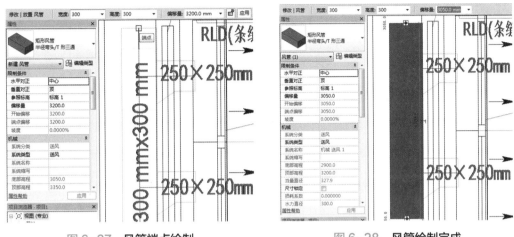

图 6-27　风管端点绘制　　　　　　　　　　　图 6-28　风管绘制完成

依次用以上方法绘制其余风管，注意每次风管绘制都会延续采用上次绘制时【属性】面板和选项栏的设置值，所以每次在绘制前要检查并修改相应的参数值，再进行建模，完成的一层送风风管模型如图 6-29 所示。

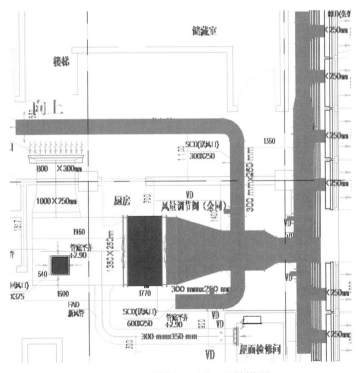

图 6-29　绘制一层送风风管模型

2. 绘制风阀等风管附件

在 Revit 中，风管附件是可载入族，包括风阀、防火阀、消声器、止回阀等多种类型，可用专门的【风管附件】命令放置。风管附件风量调节阀 CAD 图中标识，如图 6-30 所示。

图 6-30   风量调节阀 CAD 图中标识

若默认的项目样板中没有需要的风管附件族，可以从外部族库中载入，或是利用族样板新建族构件。我们从软件自带的族库里载入风量调节阀、防火阀、止回阀等构件。在功能区中选择【插入】→【载入族】命令，在软件自带的族库【机电 / 风管附件 / 风阀】目录下选择【电动风阀】族文件，如图 6-31 所示。如需【防火阀】，可以在【消防 / 防排烟 / 风阀】目录下选择【防火阀】族文件，并载入项目。

图 6-31   选择【电动风阀】并载入

在功能区选择【系统】→【风管附件】命令，选择载入的调节阀，再单击要放置的风管阀门位置并设置对应的风管尺寸，同时注意设置正确的放置高度，如图 6-32 所示。

风阀的尺寸可以在属性列表中进行修改，修改前需要复制新建一个类型，重命名为需要的尺寸，如 400×300，再进行修改，如图 6-33 所示。

完成后，按照图纸标识的位置放置即可，放置好的风管、风管附件模型如图 6-34 所示。

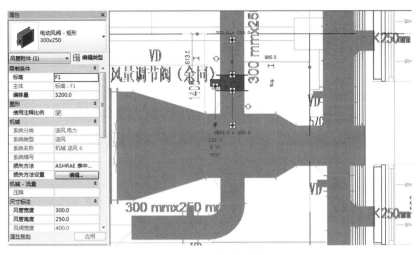

图 6-32　放置风阀

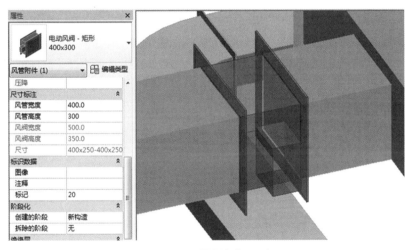

图 6-33　设置阀门尺寸

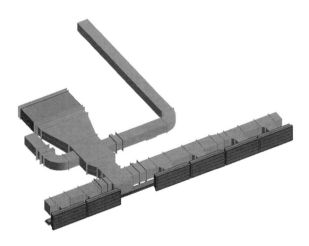

图 6-34　一层送风管及附件完成效果

3. 绘制一层排风模型

创建一层排风风管，将一层排风平面图链接进项目作为参照，如图 6-35 所示。

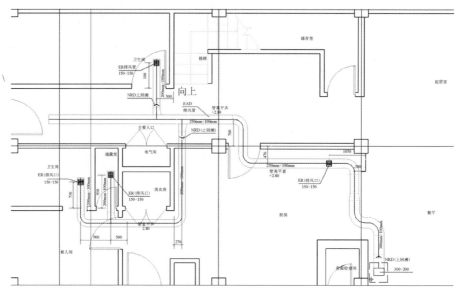

图 6-35　一层排风平面图

我们绘制底面尺寸为 250mm×100mm、管顶标高为 2900mm 的排风管。进入一层平面视图，选择功能区中的【系统】→【风管】命令，如图 6-25 所示，风管的【属性】面板和选项栏的参数设置如图 6-36 所示。

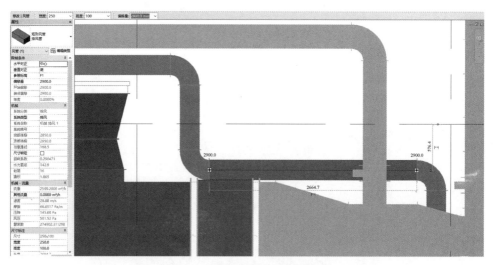

图 6-36　排风管参数设置

用绘制送风管的方法绘制余下的排风管道，每次绘制前应检查并修改相应参数，再进行放置，放置完成后的效果如图 6-37 所示。

绘制排风风管时，需要插入相关的风管附件，如图 6-38 所示，在功能区选择【插入】→【载入族】命令，在软件自带的族库【机电/风管附件/风阀】目录下选择【止回阀 - 方形】

族文件，单击【打开】按钮载入，如图 6-39 所示。

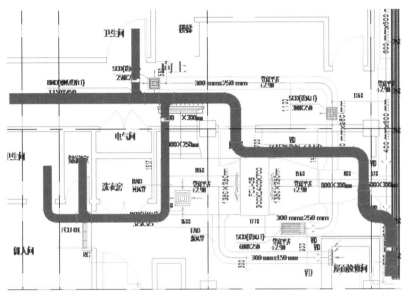

图 6-37　绘制一层排风风管

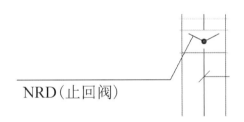

图 6-38　止回阀 CAD 图中标识

图 6-39　选择【止回阀 – 方形】文件并载入

在功能区选择【系统】→【风管附件】命令，选择载入的止回阀，再单击要放置的风

管阀门位置，并设置对应的风管尺寸，同时注意设置正确的放置高度，如图 6-40 所示。

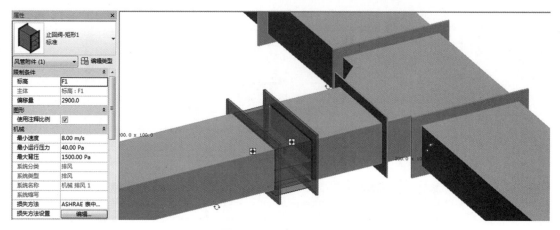

图 6-40   放置止回阀

风管附件及排风管道绘制完毕，效果如图 6-41 所示。

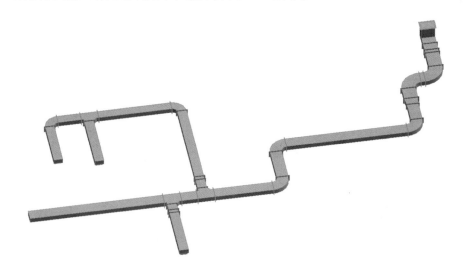

图 6-41   一层排风管及附件完成效果

4. 绘制风道末端

在 Revit 中，风道末端是可载入族，包括风口、格栅和散流器等风管末端设备，可用专门的【风道末端】命令放置。不同类型的风道末端族都有不一样的功能、形状和连接方式。如默认的项目样板中没有需要的风道末端族，可以从外部族库中载入，或是利用族样板新建族构件。

首先我们放置一层风管上侧的风口。在功能区选择【插入】→【载入族】命令，在软件自带的族库【机电 / 风管附件 / 风口】目录下选择合适的族文件，如图 6-42 所示。

在功能区选择【系统】→【风道末端】命令，找到载入的风口族，按照图纸标识的尺寸，复制新建一个 300×250mm 的新类型，在其命令属性栏中设置参数，如图 6-43 所示。

图 6-42　选择风口载入

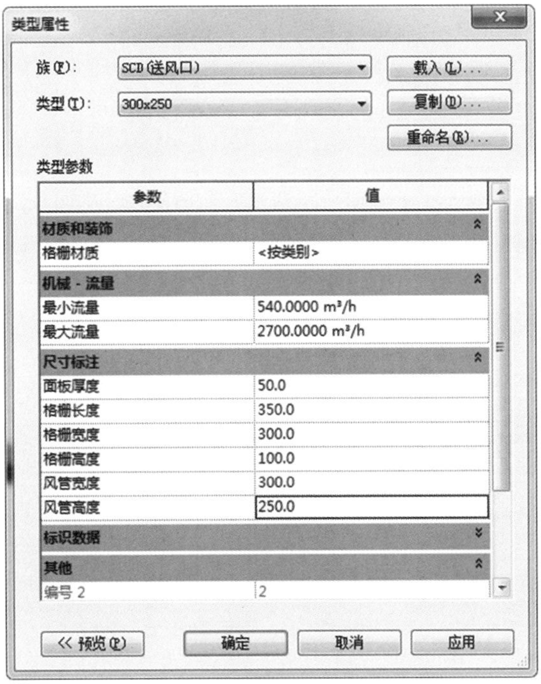

图 6-43　设置风口尺寸

选择新建的风口类型，在功能区的【修改 | 放置风道末端装置】选项卡中，选择【风道末端安装到风管上】命令，如图 6-44 所示。

再单击合适的位置放置，这样风口就会自动附着在风管上，而不必调整风口的标高和偏移量，放置好后如图 6-45 所示。

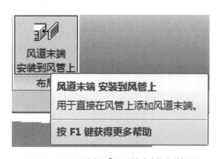

图 6-44 选择【风道末端安装到
风管上】命令

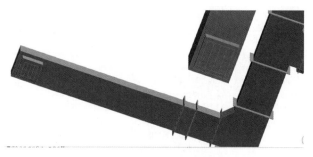

图 6-45 完成风口的放置

6.5 实战案例演练

6.5.1 实战案例

根据图 6-46 所示的某项目暖通图，绘制出暖通管道。

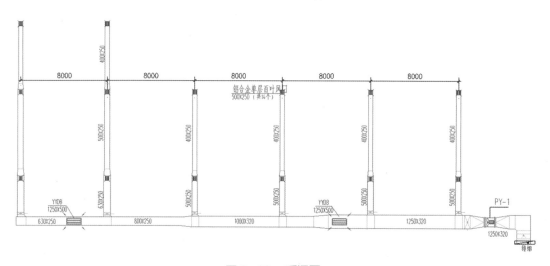

图 6-46 暖通图

6.5.2 案例解析

(1) 新建项目，导入并链接暖通图纸，在功能区中选择【系统】选项卡，选择【矩形风管】。

(2) 设置风管尺寸为 1250mm × 500mm 绘制主管道，按照图示尺寸变更风管的支管道尺寸，同时注意风管的顶、底标高，风管道绘制完成的效果如图 6-47 所示。

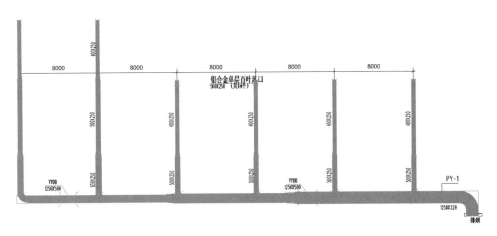

图 6-47　绘制风管

(3) 风管绘制完成之后，添加风管附件百叶窗口，在功能区中选择【系统】选项卡，选择【风道末端】，放置风口构件，如图 6-48 所示。注意风口构件要放置在管道的底面，三维图中的风口细节，如图 6-49 所示。

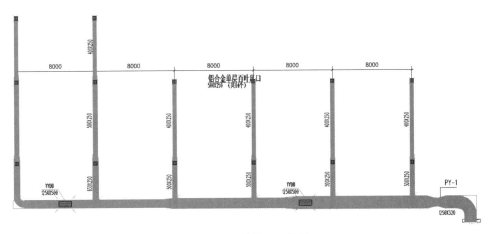

图 6-48　放置风口构件

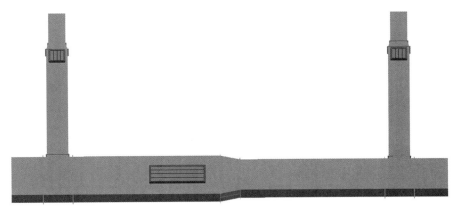

图 6-49　风口细节

(4) 完成绘制，进入三维视图即可观看绘制完成的通风管道，如图 6-50 所示。

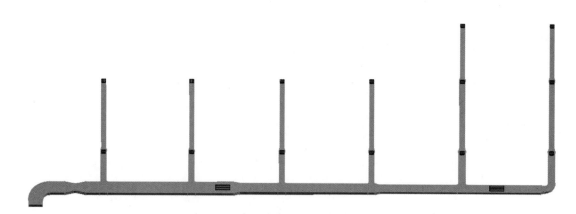

图 6-50　通风管道绘制完成的三维视图

(5) 检查无误后，保存项目即可。

第7章　给排水系统 Revit 建模与工程应用

【教学目标】

(1) 案例介绍。
(2) 项目准备。
(3) 了解给排水系统。
(4) 创建项目文件。
(5) 绘制给排水系统构件。

【教学要求】

本章要点	掌握层次	相关知识点
项目准备	(1) 了解案例介绍 (2) 熟悉项目准备说明	案例解析
了解给排水系统	(1) 了解给排水系统的各个构件 (2) 掌握给排水系统结构	水管、阀门
创建项目文件绘制给排水系统	(1) 创建给排水项目样板 (2) 统计整个给排水系统所需设备构件 (3) 绘制水管及构件	给排水系统

　　按一般建模流程的顺序，完成建筑和结构专业的模型，就可以开始水、暖、电专业的模型创建，本书的案例项目将水、暖、电专业划分为"给水排水""暖通""电气"三个项目模型分别展开介绍，本章将讲解"给水排水"方面的内容。

7.1 案例介绍

本章将通过在 Revit 中进行操作，以某个三层别墅项目为蓝本，从零开始进行给水排水模型的创建。通过实际案例的模型建立过程了解给水排水专业建模基础。熟悉并掌握管道、管路附件、连接件、用水器具的创建、编辑、修改等。

7.2 项目准备

在进行模型创建之前，先熟悉三层别墅项目的基本情况。

1. 项目说明

工程名称：三层别墅。

建筑层数：地上三层。

建筑结构安全等级为二级，结构设计使用年限为 50 年。

建筑结构为钢筋混凝土框架结构。

建筑物 ±0.000 相当于绝对标高。

给水排水专业系统包括：生活给水系统、排水系统、雨水系统、热水系统、灭火器系统。

2. 模型创建要求

(1) 生活给水系统。

① 本工程水源来自市政自来水，从市政引入一根 DN40 水管，经总水表后接入生活及消防水池，由生活水泵加压供水。

② 生活水池位于室外，有效容积为 $7.5m^3$。

③ 本建筑内给水管采用 PVC-U 管，橡胶圈密封不锈钢卡箍连接，市政给水管管材承压为 0.6MPa，加压给水管管材承压为 1.0MPa。

④ 给水管道必须采用与管材相适应的管件，生活给水系统所涉及的材料必须达到饮用水卫生标准。

(2) 排水系统。

① 本工程室内排水系统为污废分流系统，并设有专用通气管，经室外管网统一收集。

② 本建筑内污水管、废水管及通气管均采用 PVC-U 管，橡胶圈密封不锈钢卡箍连接。

③ 地漏及存水弯水封均不小于 50m。严禁使用钟罩式地漏，严禁采用活动机械密封替代水封。所有卫生器具及配件均应符合《节水型生活用水器具》(CJ/T 164—2014) 标准，其中，水嘴、便器系统、便器冲洗阀、淋浴器四类用水器具必须符合该标准中强制性条文规定。

④ 污、废水横管与横管的连接，不得采用正三通和正四通，污水立管偏置时，应采用乙字管或两个 45°弯头。污水立管与横管及排出管连接时采用两个 45°弯头，立管上

检查口设置高度为中心距地面 1.0m。

⑤ 污废水及雨水的立管、横干管，应按《建筑给水排水及采暖工程施工质量验收规范》(GB 50242—2002) 的要求做通球试验。

⑥ 坐便器采用两挡冲水水箱，所有卫生器具及配件应符合《节水型生活用水器具》(CJ/T 164—2014) 标准，其中水嘴、便器系统、便器冲洗阀、淋浴器四类用水器具必须符合该标准中强制性条文规定。地漏及存水弯水封均不小于 50mm，坐便器应具有冲洗后延时补水 (封) 功能。

(3) 雨水系统。

雨水经屋面雨水斗收集后重力流散排至院内，雨水斗采用 87 型雨水斗。

(4) 热水系统。

① 本工程热水由屋面太阳能热水器供给。

② 热水管及热回水管采用 PVC-U 管，橡胶圈密封不锈钢卡箍连接。

③ 太阳能安装时可根据实际位置正南方向由施工单位调整。

(5) 灭火器系统。

在本建筑内一层和二层分别设置两具 5kg CO_2 灭火器。

7.3　导入 CAD 图纸

1. 新建给水排水项目文件

启动 Revit 2016，在【应用程序菜单】中选择【新建】命令，在弹出的【新建项目】对话框中，在【样板文件】选项组中单击【浏览】按钮，如图 7-1 所示，在弹出的对话框中选择样板文件为 Plumbing-DefaultCHSCHS.rte(水暖 / 管道样板)，单击【打开】按钮，如图 7-2 所示，返回【新建项目】对话框，单击【确定】按钮进入绘图界面。

图 7-1　【新建项目】对话框

在新建项目的【项目浏览器】面板中可以看到，默认存在的是"卫浴"规程，如图 7-3 所示。

2. 链接文件，导入土建模型，创建标高

根据建筑结构模型的位置进行建模，所以在建模前，先将建筑结构的模型文件链接进来，然后再将 DWG 图纸链接进来作为参照。

BIM 建模技术基础与工程实例

图 7-2　选择给排水样板

图 7-3　给排水项目文件界面

在功能区中选择【插入】→【链接 Revit】命令，弹出【导入 / 链接 RVT】对话框，找到建筑和结构的模型文件，在【定位】下拉列表框中选择【自动 - 原点到原点】选项，单击【打开】按钮，如图 7-4 所示。

图 7-4　导入建筑结构模型

下面以创建一层管道为例，链接好建筑和结构的 Revit 文件后，进入到立面视图，根据链接的建筑模型标高绘制项目的标高，得到一层平面视图。

在新建项目样板的文件中，系统自带了两个标高，分别为【标高 1】和【标高 2】，链接土建模型后，按照土建模型的标高，进行给水排水专业标高的绘制。绘制完毕后，在一层平面视图，在功能区中选择【插入】→【链接 CAD】命令，弹出【链接 CAD 格式】对话框，选择一层给水平面布置图，将【导入单位】设为【毫米】，【定位】设为【自动 - 原点到原点】，如图 7-5 所示。

图 7-5　链接给排水图纸

单击【打开】按钮，将文件链接进来，此时 CAD 底图的位置与模型位置不一定重合，需要根据轴网位置，使用对齐命令将 CAD 底图与之前链接的 Revit 建筑和结构文件对齐，与绘制的标高轴网对齐。

7.4　创建项目文件

1. 创建给水排水管道系统

在开始创建给排水模型前，要根据项目设计需要定制系统，给水排水专业的系统比较多，建模前要注意查看图纸，了解项目，合理地设置系统的分类。

我们在生活给水部分设置市政给水、热给水、热回水三个系统，在生活排水部分设置污废水排水、雨水系统。

在【项目浏览器】面板中，打开【族】下拉列表，在【管道系统】下列出的是软件自带的管道系统，可以复制出需要的给排水系统。

右击【循环回水】，在弹出的快捷菜单中选择【复制】命令并重命名为【热回水】，这样就新建了一个管道系统，采样同样的方式新建其他需要的系统。

注意：新建的系统会延续复制的管道系统的系统分类，右击刚刚新建的【热回水】系统，在弹出的快捷菜单中选择【类型属性】命令，弹出系统的类型属性框，其中系统分类灰色默认为【循环回水】。

因此在复制新系统时，应按照管道的功能选择相类似的系统进行复制，如属于供水的管道系统就基于【循环供水】。

用上述方法一次新建完成其他系统，完成后，给水排水模型的系统设置如图 7-6 所示。

2. 过滤器设置

为了辨别不同系统的管线，需要给管线赋予不同的表面颜色，通常采用过滤器的方式来定义管道系统颜色。

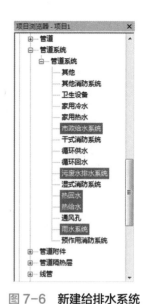

图 7-6　新建给排水系统

单击【属性】面板中的【可见性/图形替换】栏的【编辑】按钮，弹出【可见性/图形替换】对话框，选择【过滤器】选项卡，也可以按 V+V 快捷键，如图 7-7 所示。

图 7-7　打开【过滤器】选项卡

单击【编辑/新建】按钮，打开【过滤器】对话框，左边【过滤器】列表框中有预设的过滤器，如图 7-8 所示。

单击【过滤器】列表框下方的按钮，新建并命名一个新的过滤器，比如【给水系统】，如图 7-9 所示。在弹出的对话框中为过滤器设置合适的类别和过滤条件，如图 7-10 所示，单击【确定】按钮完成操作。

图 7-8　打开【过滤器】对话框

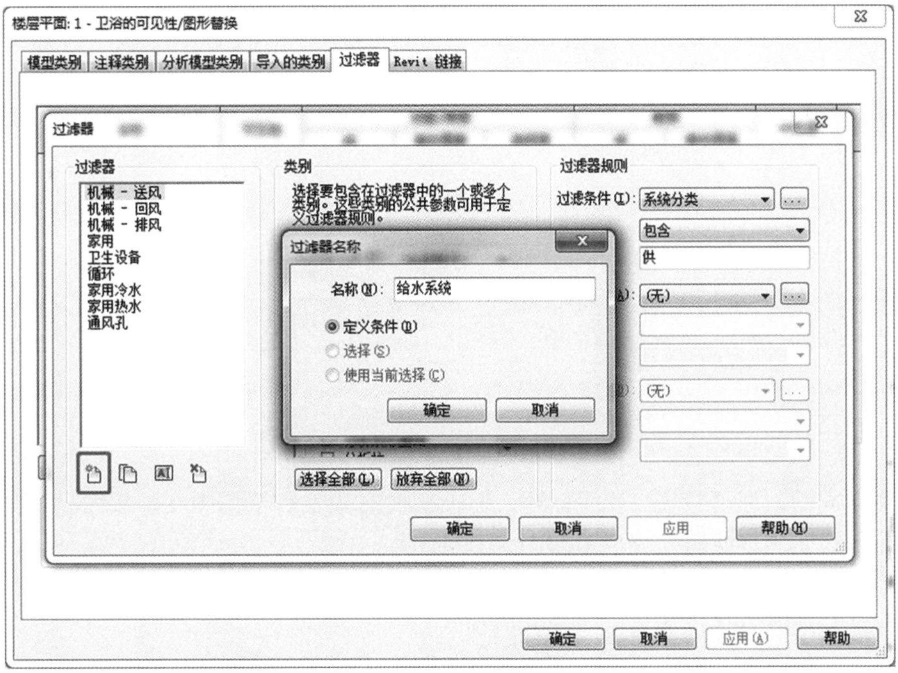

图 7-9　过滤器的命名

图 7-10　过滤器的设置

选择【可见性 / 图形替换】对话框的【过滤器】选项卡，单击【添加】按钮，弹出【添加过滤器】对话框，选择刚刚新建的过滤器，如图 7-11 所示。

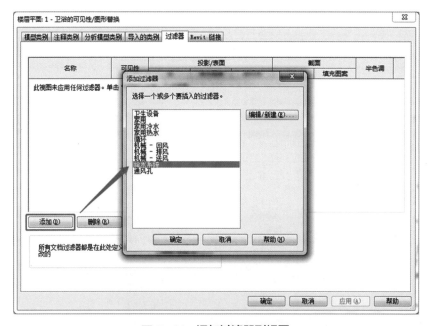

图 7-11　添加过滤器到视图

添加完成后，在【投影 / 表面】处，选择替换的颜色和填充图案，按照以上步骤可以添加其他所需要的过滤器，完成后如图 7-12 所示。

要注意的是，过滤器是基于视图的设置，如果要在其他视图中应用该过滤器，可使用【视图样板】功能，将过滤器传递到其他视图。

在功能区选择【视图】→【视图样板】→【从当前视图创建样板】命令，如图 7-13 所示，或是在【项目浏览器】面板的视图列表中找到【三维】视图，在右键快捷菜单中选择【通过视图创建视图样板】命令，如图 7-14 所示，在弹出的对话框中取名【给排水过滤器】，进入【视图样板】对话框。

图 7-12　过滤器在视图中的颜色设置

图 7-13　【视图样板】下拉菜单

图 7-14　【视图】的右键快捷菜单

在【视图样板】对话框的右侧视图属性里，仅勾选【V/G 替换过滤器】复选框，这样就新建了一个专用的过滤器样板。

要在其他视图中应用该视图样板，则要在使用的视图中，在【视图样板】下拉菜单中选择【将样板属性应用于当前视图】命令，或是在项目浏览器的视图列表中找到要用的视图，在右键快捷菜单中选择【应用样板属性】命令，在弹出的【应用视图样板】对话框中，选择该视图样板即可，如图 7-15 所示。

3. 创建管道类型

由于给排水专业各个系统管道材质和特性不同，所以要新建不同类型的管道。我们新建【给水管】和【污水管 / 排水管】两种管道类型。

在【项目浏览器】面板中选择【族】→【管道类型】命令，进行管道系统的创建，双击【标准】系统族，弹出【管道类型属性】对话框。

图 7-15　创建过滤器样板

　　本项目中排水系统采用的是 PVC-U 管材，所以需要建立一个 PVC-U 管材的管道类型，在管道类型的【类型属性】对话框的【布管系统配置】栏单击【编辑】按钮，进入【布管系统配置】对话框，如图 7-16 所示。

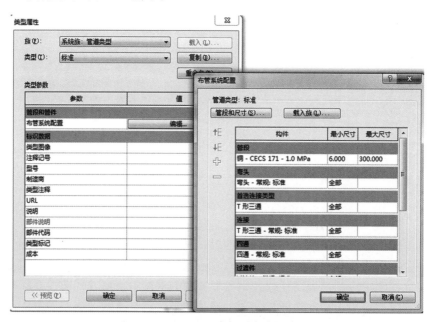

图 7-16　打开【布管系统配置】对话框

　　单击【布管系统配置】对话框中的【管段和尺寸】按钮，进入管段设置界面，在【管段】下方的下拉列表中有很多种管材形式，如没有需要的管材形式，应新建一种，如有符合需要的管材，直接进行选择即可，如图 7-17 所示。

　　单击【管段】下方的下拉列表选择 PVC-U 管段形式，其他选项进行相应的调整。

　　在管道【类型属性】对话框中，通过单击【复制】按钮的方法来建立本项目需要的管道类型，方法与管道系统创建相同。很多情况下，管段下拉列表中没有项目需要的材质，所以此处需要新建。

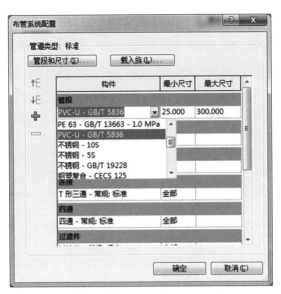

图 7-17　布管系统配置

单击【布管系统配置】对话框中的【管段和尺寸】按钮，打开【机械设置】对话框，在【管段】处，单击【新建】按钮，新建管段和添加尺寸，如图 7-18 所示。

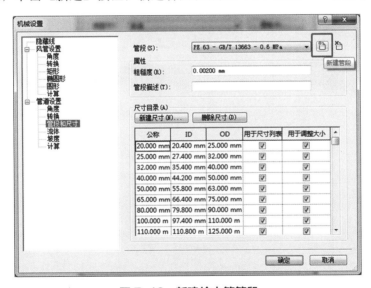

图 7-18　新建给水管管段

在【新建管段】对话框中，有三种新建方式，如图 7-19 所示。

【材质】：自行在软件材质库里选择材质，规格 / 类型和尺寸目录都使用软件自带的。

【规格 / 类型】：自定义管道规格 / 类型的名称，材质和尺寸目录都使用软件默认的。

【材质和规格 / 类型】：自定义材质和管道类型的名称，尺寸目录选择软件默认的。

此处选择【材质】新建方式。单击材质栏右边的 ... 按钮（如图 7-19 所示），在弹出的材质库里找到需要的材质，如创建【镀锌钢管】，我们就要找【钢，镀锌】这种材质，并复制该材质，重命名为【镀锌钢管】，单击【确定】按钮将其添加，如图 7-20 所示。

附材质 .mp4

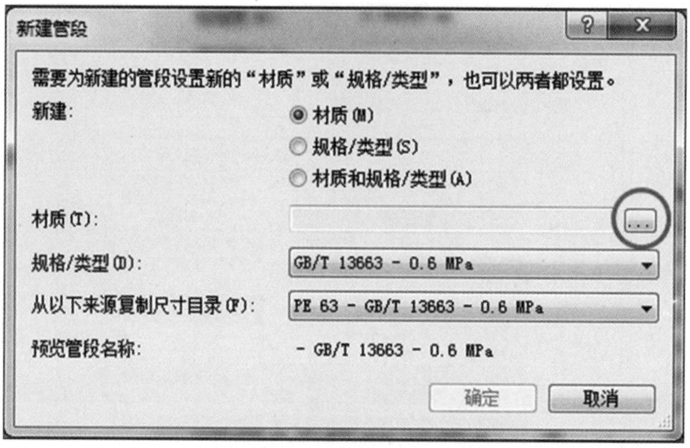

图 7-19　【新建管段】对话框

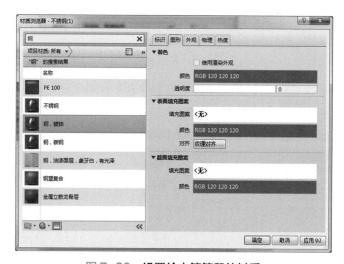

图 7-20　设置给水管管段的材质

返回【新建管段】对话框，新建给水管管段设置如图 7-21 所示。

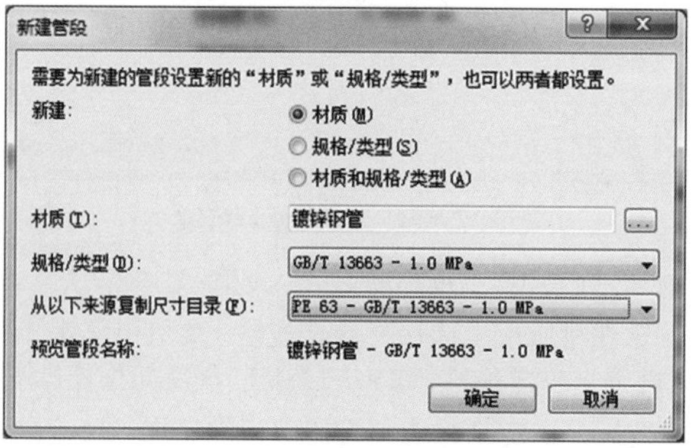

图 7-21　新建给水管管段的设置

确定后返回到【布管系统配置】对话框，接着设置管件。单击【布管系统配置】对话框中的【载入族】按钮，在系统自带族库目录【机电 / 水管管件 / 可锻铸铁 /150 磅 / 螺纹】中，选择合适的管件，如图 7-22 所示，单击【打开】按钮，载入后，在【布管系统配置】对话框中依次更换管件。

图 7-22　载入给水管管件

注意：在镀锌钢管的管道类型创建中，一般设计要求不大于 80mm(最大尺寸) 时，采用螺纹连接；大于 80mm(最大尺寸) 时，采用卡套连接。所以在创建的过程中要进行区分。

4. 项目样板保存

单击软件左上角 Revit，在【另存为】对话框的【文件类型】下拉列表里选择保存成【样板文件】，在保存对话框中单击【选项】命令，可以调整最大备份数。单击【保存】按钮，完成项目样板的创建。

7.5　给水排水专业模型创建

本节主要讲解水管的绘制、添加水管阀门、连接设备水管、按照底图绘制水管等内容，熟悉给排水系统的结构。

7.5.1　绘制水管

我们以一层给水系统管道为例，根据之前链接的 CAD 图——一层给水平面图 (见

图 7-5），标识为【--J--】的管线为给水系统管道，在功能区中选择【系统】→【管道】→【编辑类型】→【PVC-U 管道类型】命令，参照标高选择 F1，系统类型选择【市政给水】，如图 7-23 所示。

在绘图区根据 CAD 底图所示的给水管道走向，绘制给水系统管道的横管【--J--】，如图 7-24 所示，按照横管的方向绘制即可。

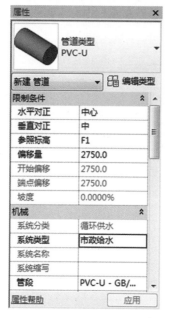

图 7-23　给水系统管道属性设置

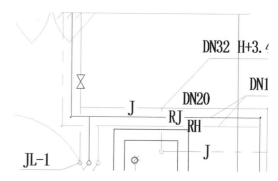

图 7-24　图纸中管道的绘制

然后以【JL-1】为例，创建给水系统的立管，如图 7-25 所示。

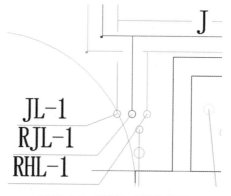

图 7-25　图纸中立管的位置

首先选择横管，在需要连接立管的端口右击鼠标，在弹出的快捷菜单中选择【绘制管道】命令，如图 7-26 所示，表示以该端点作为立管的起点。在绘制管道的状态下，在选项栏上输入偏移量为 100，确定立管的终点，如所输入的偏移量，大于绘制管道时的偏移量，则为向上绘制立管，如所输入的偏移量小于绘制管道时的偏移量，则为向下绘制立管，如图 7-27 所示。

图 7-26　使用右键快捷菜单命令绘制管道　　　　　　图 7-27　绘制立管

7.5.2　添加水管阀门

添加水管阀门，在功能区中选择【系统】→【管路附件】→【编辑类型】命令，在族类别中单击载入族，手动从 Revit 自带的族文件夹中寻找（默认位置"C:\ProgramData\Autodesk\RVT 2016\Libraries\China\ 建筑 \ 卫生器具"），选择之后单击【打开】按钮，将选择好的水管阀门载入到项目中，按照 CAD 的底图位置创建水管阀门，并放置阀门至目标位置。

7.5.3　连接设备水管

设备的管道连接件可以连接管道和软管，连接管道和软管的方法类似，本节以水龙头连接件连接管道为例，介绍设备连接管的三种方法。

先添加水龙头族并载入到项目中，放置水龙头至目标位置。

方法一：先绘制横向管道和竖向管道，接下来直接拖动已绘制的管道到相应的水龙头管道连接件，管道将自动捕捉水龙头上的管道连接件，完成连接。

方法二：先绘制横向管道和竖向管道，然后选中水龙头，在功能区的选项卡中选择【连接到】命令为水龙头连接管道，如图 7-28 所示，在弹出的对话框中选择冷水连接件，单击已绘制的管道，完成连管。

方法三：单击水龙头，右击其管道连接件，选择右键快捷菜单中的【绘制管道】命令，如图 7-29 所示，从连接件绘制管道时，按空格键可自动根据连接件的尺寸和高程调整绘制管道的尺寸和高程。

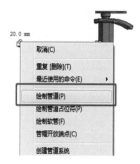

图 7-28　连接【连接到】命令　　　　　　图 7-29　选择【绘制管道】命令

使用上面的管道连接操作方法，连接水龙头的给水口与给水管道，完成给水管道连接设备的绘制。

7.5.4　按照 CAD 底图绘制水管

(1) 按照一层给水系统平面图 (见图 7-30)，开始绘制给水管道。

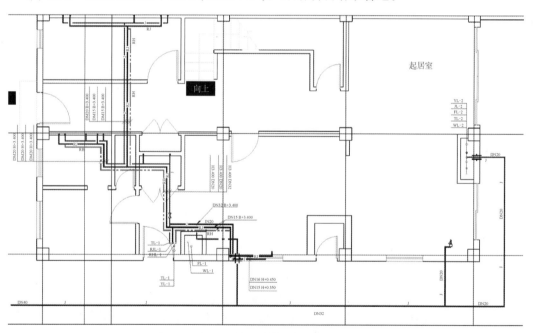

图 7-30　**一层给水平面图**

--J--：加压给水管；--RJ--：热水管；--RH--：热回水管；--W--：污水管；--F--：废水管；--T--：通气管；--Y--：雨水管；--JL--：加压给水管立管；--RJL--：热水管立管；--RHL--：热回水管立管；--TL--：通气立管；--YL--：雨水立管；--FL--：废水立管；--WL--：污水立管

此处以一层给水管道为例，根据之前链接的 CAD 图——一层给水平面图，如图 7-30所示，标识为【--J--】的管线为给水系统管道，管道的标高可以从 CAD 图中查询得到，如图 7-31 所示。

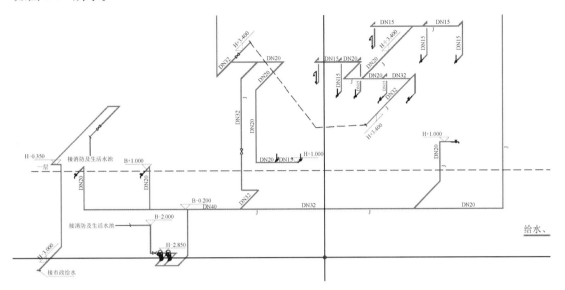

图 7-31 给水系统图

进入一层平面视图，在功能区中选择【系统】→【管道】命令，在【属性】面板中选择【给水管】管道类型，在【系统类型】处选择【给水系统】，设置要绘制的管道参数，如图 7-32 所示。

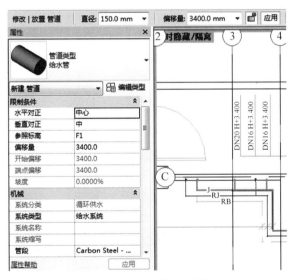

图 7-32 给水管参数设置

在绘图区根据 CAD 底图所示的给水管道走向，绘制给水系统管道的横管，然后以 JL-1 立管为例，创建给水系统的立管。

首先选择横管，在需要连接立管的端口右击，在弹出的快捷菜单中选择【绘制管道】命令，表示以该端点作为立管的起点，在绘制管道的状态下，在选项栏中输入偏移量，输入的值大于起点的值，则立管向上绘制，输入的值小于起点的值，则立管向下绘制，如

图 7-33、图 7-34 所示。

图 7-33　设置起点偏移量　　　　　　图 7-34　设置终点偏移量

完成绘制，如图 7-35 所示。

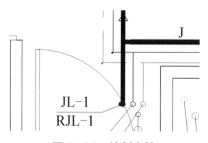

图 7-35　绘制立管

完成的一层室内给水管道平面图，如图 7-36 所示。

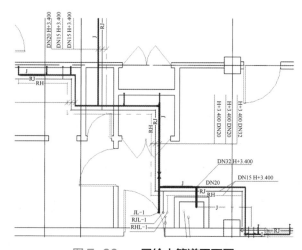

图 7-36　一层给水管道平面图

在绘制管道的过程中，要选择与设计要求匹配的管道尺寸，如本例中主管道直径为 32mm，支管直径为 20mm、15mm 的管道。当然有些循环给水管为 de160，意为管外径为 160mm 的管道，要知道相对应的公称直径，可以在功能区中选择【管理】→【MEP 设置】→【机械设置】命令，在【机械设置】对话框中查看相对应的外径的公称直径管道，如图 7-37 所示。

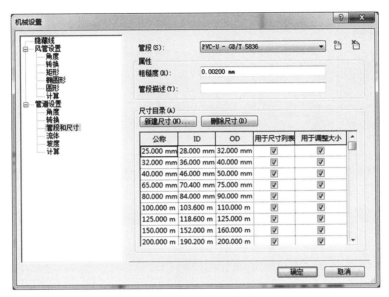

图 7-37　管段和尺寸机械设置

用上述方法完成一层平面给水管道绘制的三维视图，如图 7-38 所示。

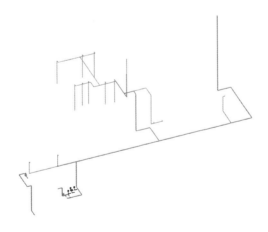

图 7-38　一层给水管道三维视图

(2) 本案例项目中，生活排水部分设置有污废水排水、雨水排水两个系统。我们需要新建污水管、废水管、雨水管等管道。

案例中污废水管、雨水管均采用 PVC 塑料排水管，可以先新建管道类型，再基于一个类型，复制出其他类型。在功能区中选择【系统】→【管道】命令，在默认的管道类型的属性栏中，在弹出的类型属性框中选择【编辑类型】选项，复制出【污水管】类型。

在其【类型属性】对话框中单击，打开【布管系统配置】对话框，设置管段为 PVC-U-GB/T5836 管件，从软件自带的族库目录【机电 / 水管管件 /5836 PVC-U/ 承插】中载入项目，如图 7-39 所示。

图 7-39　载入管件族

设置完成后，污水管、废水管的布管系统配置如图 7-40、图 7-41 所示。

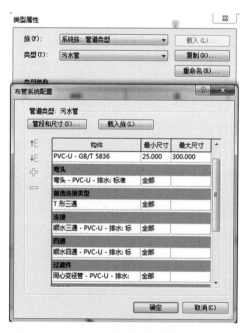

图 7-40　污水管布管设置

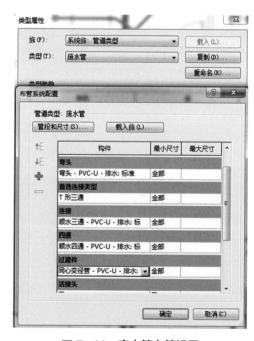

图 7-41　废水管布管设置

此处以创建一层排水系统为例，链接 CAD 一层排水平面图，标识为【--W--】的管线为排水管。在功能区中选择【系统】→【管道】命令，在属性框内选择管道类型【污水管】，在系统类型处选择【污废水排水系统】，并设置管道直径、偏移量参数，如图 7-42 所示。

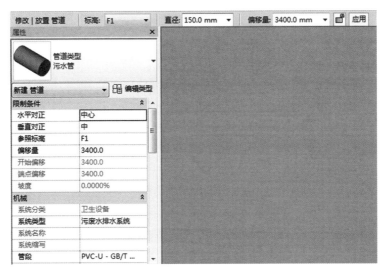

图 7-42　污水管参数设置

在平面视图中，参考详图中排水管的平面位置，单击绘制模型，在绘制管道时，要注意坡度的设置，如标识有坡度值，要在参数中设置坡度值，完成一层室内污废水管道的绘制，如图 7-43 所示。

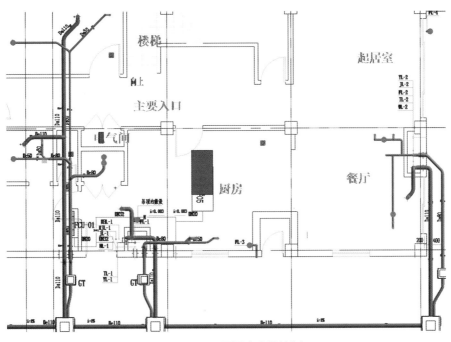

图 7-43　一层污废水管绘制

在执行【管道】命令建模时，设置管道坡度值，在【修改│放置管道】选项卡中，单击选择【向上坡度/向下坡度】，并设置坡度值，如图 7-44 所示。

用上述方法完成一层平面污废水管道绘制的三维视图，如图 7-45 所示。

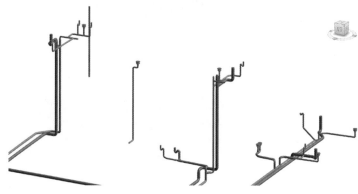

图 7-44　坡度的设置

图 7-45　污废水管完成的三维视图

其他管道系统的绘制方法相同。

7.6　实战案例演练

7.6.1　实战案例

图 7-46 所示为某项目一层给排水图纸，绘制出图中的管道，图中 ① 为废水管道，② 为污水管道，③ 为给水管道，④ 为热水管道。

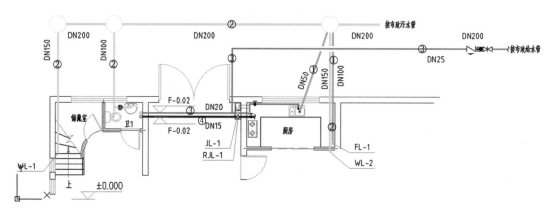

图 7-46　一层给水排水平面图

7.6.2 案例解析

(1) 新建项目，导入并链接给排水图纸，单击【系统】选项卡，选择管道。

(2) 设置污水管道尺寸为 DN200，绘制污水主管道，按照图示尺寸变更管道的支管道尺寸，给水管和废水管同理，管道绘制完成如图 7-47 所示，注意图中立管的绘制和顶底标高。

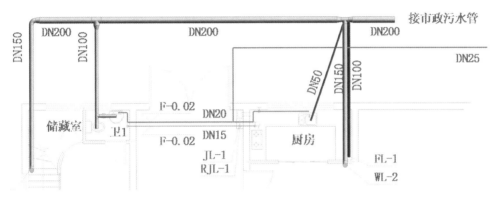

图 7-47 绘制管道

(3) 注意，要在布管系统配置中选择合适的弯头、三通和四通及过渡件，这样在绘制时可以更快捷，如图 7-48 所示。

图 7-48 布管系统配置

(4) 管道绘制完成之后，三维图如图 7-49 所示，其中接头部分等待绘制连接水龙头等其他构件。

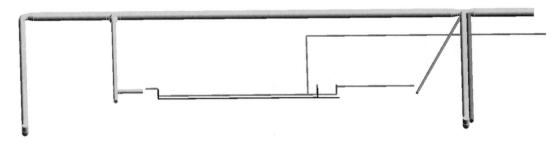

图 7-49　水管绘制完成三维视图

(5) 检查无误后，保存项目即可。

第8章 消防系统 Revit 建模与工程应用

 【教学目标】

(1) 案例介绍。
(2) 项目准备。
(3) 了解消防系统。
(4) 创建项目文件。
(5) 绘制消防系统构件。

 【教学要求】

本章要点	掌握层次	相关知识点
项目准备	(1) 了解案例介绍 (2) 熟悉项目准备说明	案例解析
了解消防系统	(1) 了解消防系统各个构件 (2) 掌握消防系统结构	喷淋管、消防栓
创建项目文件绘制消防系统	(1) 创建消防项目样板 (2) 统计整个消防系统所需设备构件 (3) 绘制喷淋管、消防栓及其他构件	消防系统

随着给水排水模型的创建完成，就可以开始消防系统的模型创建了，本书的案例项目将对消防所用到的喷淋、消防管道、消防器材模型进行统一讲解，本章将讲解"消防系统"方面的内容。

8.1　案例介绍

从本章开始，将通过在 Revit 中进行操作，从零开始进行消防系统模型的创建。通过实际案例的模型建立过程让读者了解消防系统建模基础。熟悉并掌握消防管、消火栓、阀门、自动喷淋系统的创建、编辑和修改等。

8.2　项目准备

在本案例项目中，统一创建【消防】模型文件，设置的系统包括消火栓系统、自动喷淋系统。

项目说明：

工程名称：别墅。

建筑层数：地上三层。

建筑和结构安全等级为二级，结构设计使用年限为 50 年。

建筑和结构为钢筋混凝土框架结构。

建筑物 ±0.000 相当于绝对标高。

消防专业系统：消火栓系统、自动喷淋系统。

8.3　创建项目文件

1. 新建消防项目文件

启动 Revit 2016，在【应用程序菜单】中选择【新建】命令，在弹出的【新建项目】对话框中，在【样板文件】选项组中，单击【浏览】按钮，如图 8-1 所示，样板文件选择 Plumbing-DefaultCHSCHS.rte(管道样板)，单击【打开】按钮，如图 8-2 所示，单击【确定】按钮进入绘图界面。

图 8-1　【新建项目】对话框

图 8-2　选择样板

在新建项目的【项目浏览器】面板中可以看到，默认存在的是【卫浴】属性栏，如图 8-3 所示。

新建项目文件作为水消防模型文件，链接 Revit 建筑结构模型，项目的消防模型文件设置自动喷淋和消火栓两个系统。

在【项目浏览器】面板中，打开【族】下拉列表，在【管道系统】中列出的是软件自带的管道系统，此处基于【湿式消防系统】复制出【消火栓系统】和【自动喷淋系统】，如图 8-4 所示。

图 8-3　水消防项目文件界面

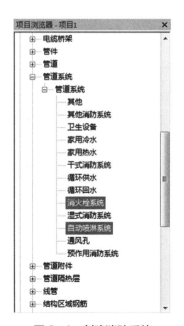

图 8-4　创建消防系统

2. 新建消防管道类型

我们为消防专业新建【消防管】管道类型，在功能区中选择【系统】→【管道】命令，在默认的【标准】管道类型的属性栏中，单击【编辑类型】，在弹出的【类型属性】对话框中，复制新建【消防管】类型。

在其【类型属性】对话框中，单击并打开【布管系统配置】对话框，设置匹配消防管的管段和管件。确定后即可完成新建消防管道类型的设置，之后的自动喷淋系统和消火栓系统管道建模都采用【消防管】类型的类似方法，如图 8-5 所示。

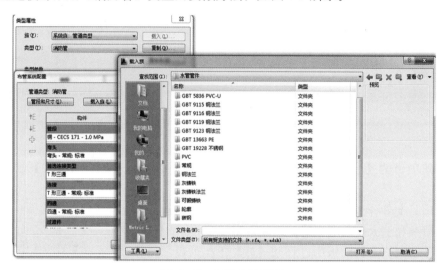

图 8-5　创建管道类型

8.4　消防专业模型创建

本节主要讲解喷淋系统绘制、消防管道及消防栓，按照底图绘制消防用水管等内容，熟悉消防系统的结构。

8.4.1　消防系统的绘制

1. 创建消火栓管道

在功能区中选择【系统】→【管道】命令，在【属性】面板内选择【消防管】管道类型，在系统类型处选择【消火栓系统】，并设置要绘制的偏移量、管径等管道参数，如图 8-6 所示。

消防管路中阀门的放置方法：在功能区中选择【系统】→【管路附件】命令，在属性框类型下拉列表中选择所需要的阀门族，也可载入系统自带的阀门族，如图 8-7 所示。

修改阀门尺寸与修改管道尺寸的方法相同,在绘图区单击放置在管道上,如图 8-8 所示,根据图纸要求在适当位置放置阀门。

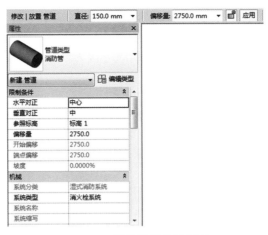

图 8-6　消防管的参数设置

图 8-7　选择阀门族

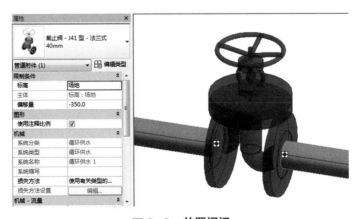

图 8-8　放置阀门

2. 放置消火栓箱

消火栓箱在 Revit 中是可载入族，可以从软件自带的族库【消防 / 给水和灭火 / 消防栓】目录下选择，在功能区中选择【插入】→【载入族】命令，载入到项目中，消火栓箱包括很多类型，不同类型的入水口位置也不同，所以连接管道时，需要注意消火栓箱的入水口位置，如图 8-9 所示。

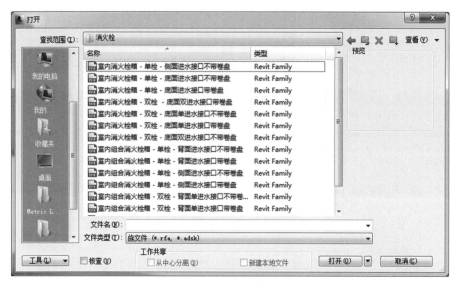

图 8-9　载入消火栓族

根据图纸确定消火栓箱的空间位置，在功能区中选择【系统】→【机械设备】命令，找到载入的消火栓箱族，设置标高，在平面图中单击放置（按空格键可以切换消火栓的方向）。放置好后，再绘制管线连接消防主管道，从消防栓正下方位置绘制一条管道，通向主管道，在消火栓箱旁的立管位置处向下绘制出立管，如图 8-10 所示。

图 8-10　放置消火栓并绘制立管

该消火栓箱的入水口在箱的底部位置，所以需将立管从底部接入到消火栓箱。在立管位置使用右键快捷菜单绘制管道，连接到消火栓即可。

在管道多的情况下，有可能导致管道间的碰撞和交会，使用快速翻弯工具可以缩短绘制时间，提高效率，橄榄山快模有【智能翻弯】功能，只需要确定管道翻弯的起点位置和终点位置，程序可以按照给定的翻弯方向、翻弯净距、倾斜角度等参数对水管、桥架、风管、线管等进行自动翻弯。还可对一排平行管道批量处理翻弯，翻弯效果整齐美观。在功能区中选择【GLS 机电通用】→【智能翻弯】命令，然后按照软件提示进行操作，如图 8-11 所示。

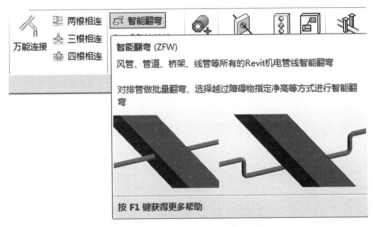

图 8-11　【智能翻弯】命令

8.4.2　添加颜色

同给排水专业一样，为消防专业的各个系统管线设置过滤器，通过颜色予以区分。选择【可见性/图形替换】对话框中的【过滤器】选项卡，打开过滤器设置框，设置过滤器【消火栓】系统，再同样设置【自动喷淋系统】过滤器，如图 8-12、图 8-13 所示。

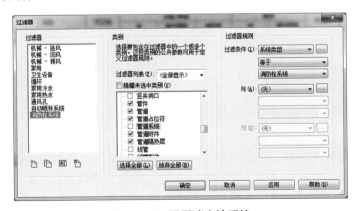

图 8-12　设置消火栓系统

选择【可见性/图形替换】对话框中的【过滤器】选项卡，单击【添加】按钮，弹出【过滤器】对话框，选择刚刚新建的过滤器。添加后，在【投影/表面】填充图案处，设置过

滤器的视图颜色，如图 8-14 所示。

图 8-13　设置自动喷淋系统

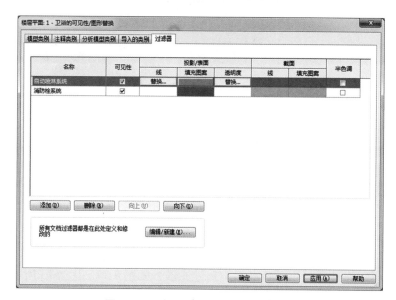

图 8-14　设置消防系统过滤器颜色

　　如要在其他视图中应用过滤器，可以参考暖通和管道系统中的【视图样板】功能，将过滤器传递到其他视图中。

8.4.3　载入喷淋装置并连接水管

　　自动喷淋系统模型包括自动喷淋管道、阀门和喷头。此处以自动喷淋系统模型为例，在功能区中选择【系统】→【管道】命令，在属性框内选择【消防管】管道类型，在系统类型处选择【自动喷淋系统】，并设置要绘制的管道偏移量。

　　参照 CAD 底图，在绘图区依据底图单击绘制自动喷淋管道的支管和主管，如图 8-15 所示，管道的管径与标高按图纸设置，未标明标高的管线贴梁底放置，如有其他管道，支管要避让其他专业的管道模型。

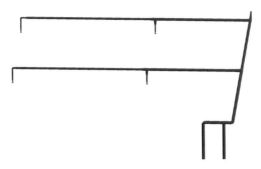

图 8-15 绘制自动喷淋系统

　　放置喷头，喷头在 Revit 中是可载入族，可用专门的喷头命令放置。在功能区中选择【系统】→【喷头】命令，提示载入喷头族，单击【是】按钮，在软件自带的族库目录中，找到需要的喷头，单击【打开】按钮即可将喷头族载入项目中，如图 8-16 所示。

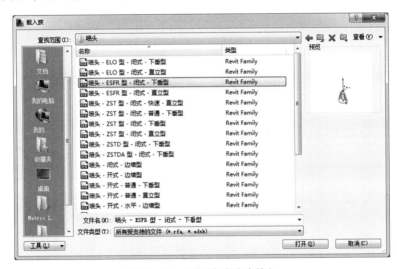

图 8-16 选择消防喷头载入

　　转到三维视图中，有些平面放置的喷头未与自动喷淋支管连接，可以选择喷头，在功能区的【修改|喷头】选项卡中选择【连接到】命令，如图 8-17 所示，再选择自动喷淋支管，完成连接。根据上述方法，完成自动喷淋系统的建模，如图 8-18 所示。

图 8-17 选择【连接到】命令

图 8-18 自动喷淋系统

　　完成该段喷头连接后，相似的支管部分可使用【复制】命令并且勾选【多个】复选框进行复制，如图 8-19 所示。

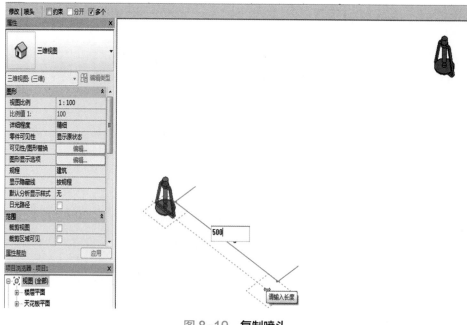

图 8-19　复制喷头

8.4.4　根据图纸完成其余构件的绘制

喷淋系统局部图纸如图 8-20 所示，完成的喷淋系统如图 8-21 所示。

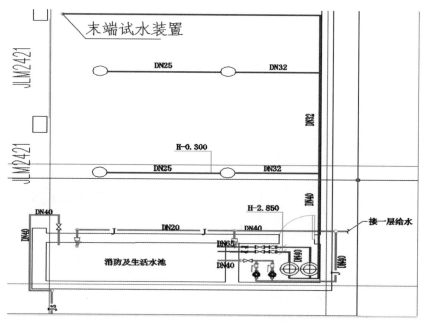

图 8-20　喷淋系统局部图纸

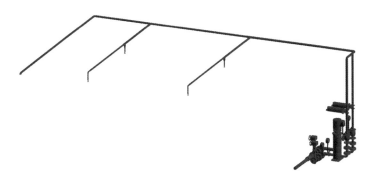

图 8-21　完成的喷淋系统

8.5　实战案例演练

8.5.1　实战案例

图 8-22 所示为某项目一层消防喷淋系统图纸，绘制出图中的消防系统。

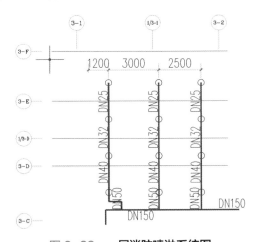

图 8-22　一层消防喷淋系统图

8.5.2　案例解析

(1) 新建项目，导入并链接消防喷淋图纸，在功能区中选择【系统】选项卡，选择【管道】命令。

(2) 设置喷淋管道尺寸为 DN150 绘制喷淋主管道，按照图示尺寸变更管道的支管道尺寸，绘制时注意顶底标高，消防喷淋系统绘制完成，如图 8-23 所示。

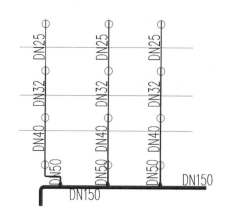

图 8-23　绘制消防喷淋管道

　　(3) 消防管道绘制完成之后,添加管道消防喷头,单击【系统】选项卡,选择【喷头】命令,放置喷头构件,如图 8-24、图 8-25 所示。

图 8-24　喷头构件

图 8-25　绘制消防喷头

　　(4) 检查无误后保存项目。

第9章 电气系统 Revit 建模与工程应用

【教学目标】

(1) 案例介绍。

(2) 项目准备。

(3) 了解电气系统。

(4) 创建项目文件。

(5) 绘制电气系统构件。

【教学要求】

本章要点	掌握层次	相关知识点
项目准备	(1) 了解案例介绍 (2) 熟悉项目准备说明	案例解析
了解电气系统	(1) 了解电气系统各个构件 (2) 掌握电气系统结构	电缆桥架、照明
创建项目文件，绘制电气系统	(1) 创建电气项目样板 (2) 统计整个电气系统所需设备构件 (3) 绘制电缆桥架、照明及其他构件	电气系统

暖通系统、给水排水系统、消防系统创建完成后，本章开始讲解电气系统模型的创建，电气系统创建完成后，水、暖、电系统就全部创建完毕。

9.1　案例介绍

从本章开始，将通过在 Revit 中进行操作，以三层别墅项目为蓝本，学习如何从零开始进行电气模型的创建。通过实际案例的模型建立过程，让读者了解电气专业建模基础，熟悉并掌握桥架、附件、连接件、电气设备（插座、开关等）的创建、编辑和修改等内容。

9.2　项目准备

在进行模型创建之前，先熟悉三层别墅项目的基本情况。

项目说明：

工程名称：别墅。

建筑层数：地上三层。

建筑和结构安全等级为二级，结构设计使用年限为 50 年。

建筑和结构为钢筋混凝土框架结构。

建筑物 ±0.000 相当于绝对标高。

电气专业系统：强弱电桥架、电气设备、灯具开关。

本节主要介绍该项目的一些基本情况，并提供电气专业平面图，让读者对项目有个初步了解。一层照明平面图如图 9-1 所示。

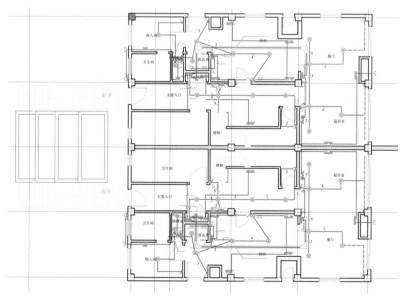

图 9-1　一层照明平面图

9.3　创建项目文件

新建电气项目文件，启动 Revit 2016，选择新建项目，选择 Electrical-DefaultCHSCHS 项目样板新建项目，进入项目绘图界面，如图 9-2 所示。

在新建项目的项目浏览器中可以看到，项目视图默认按【电气】的子规程【照明】和【电力】排布，如图 9-3 所示。

图 9-2　**选择电气样板**　　　　　　图 9-3　**电气项目文件界面**

与其他专业一样，将 Revit 的建筑结构模型链接到项目中，如图 9-4 所示，进入立面视图设置标高，以及创建平面视图的轴网。

在新建项目样板的文件中，系统自带了两个标高，分别为【标高 1】和【标高 2】，链接土建模型后，按照土建模型的标高，进行电气专业标高的绘制（可手动绘制，也可按照之前章节讲过的快捷方式绘制）。

绘制完毕后，在一层平面视图选择功能区中的【插入】→【链接 CAD】命令，弹出【链接 CAD 格式】对话框，选择【一层照明平面图】，将【导入单位】设为【毫米】，【定位】设为【自动 - 原点到原点】，如图 9-5 所示。

单击【打开】按钮，将文件链接进来，此时 CAD 底图的位置与模型位置不一定重合，需要根据轴网位置，使用对齐命令将 CAD 底图与之前链接的 Revit 建筑结构文件对齐，与绘制的标高轴网对齐。

图 9-4　导入建筑结构模型

图 9-5　链接电气图纸

9.4　电气专业模型创建

本节主要讲解电气系统电缆桥架的绘制，照明灯具、开关插座的创建，按照底图绘制电气配件等内容，熟悉电气系统的结构。

9.4.1　电缆桥架的绘制

1. 桥架的创建

在 Revit 中，电气专业与其他机电专业不同，没有系统类型的设置，需要通过设置桥架的类型来区别各功能的桥架。

在功能区中选择【系统】→【电缆桥架】命令，进行电缆桥架的绘制，如图 9-6 所示。

以照明桥架为例，首先选择【槽式电缆桥架】类型，单击其属性栏的【编辑类型】按钮，打开其【类型属性】对话框，如图 9-7 所示。

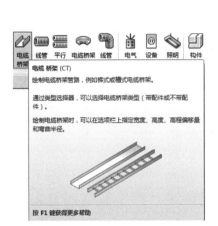

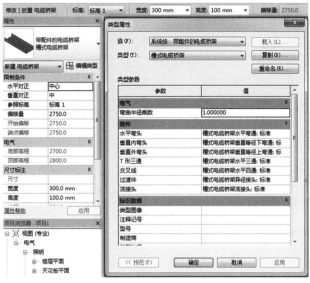

图 9-6　**选择【电缆桥架】命令**　　　　　图 9-7　**【类型属性】对话框**

在【类型属性】对话框中，单击【复制】按钮，并将新类型重命名为【槽式电缆桥架 - 照明桥架】，如图 9-8 所示。

要将新建的照明桥架的管件也设为【照明】，则要在【项目浏览器】的【族】目录中找到【电缆桥架配件】，将其中有关槽式电缆桥架的配件都由【标准】复制一个给【照明】，如图 9-9 所示。

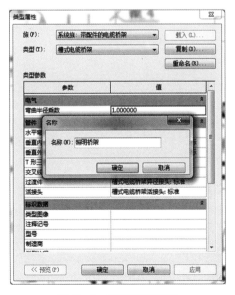

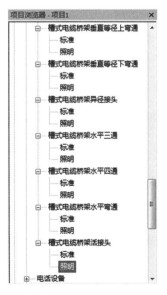

图 9-8　**新建照明桥架**　　　　　　　图 9-9　**添加照明桥架配件类型**

设置好后，再返回到【槽式电缆桥架 - 照明】的【类型属性】对话框中，在【管件】一栏的配件下拉列表框中会出现【照明】选项，依次选中替换原来的【标准】选项，如图 9-10 所示。

图 9-10　照明桥架类型属性设置

这样，照明桥架就创建好了，用同样的方法可以创建项目需要的其他桥架。

2. 桥架的绘制

按照 CAD 底图，绘制照明桥架，桥架尺寸可从照明平面中得到，为 150.0mm×100.0mm，标高偏移量可从图中得到，为 3650mm。在功能区中选择【系统】→【电缆桥架】命令，选择【照明桥架】类型，设置属性栏和选项栏，如图 9-11 所示。

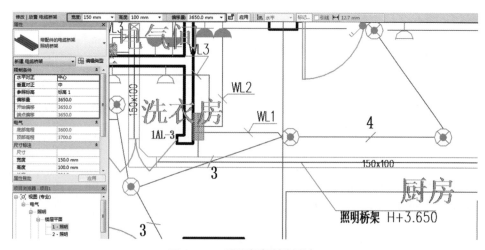

图 9-11　照明桥架绘制准备

注意：每次桥架绘制都会延续采用上次绘制时属性栏和选项栏的设置值，所以每次在绘制前应检查并修改相应的参数值，将【垂直对正】设置为【中】，则标高偏移量要相对于桥架中心而设置，依据此方法绘制桥架进行建模，绘制好的部分照明桥架如图 9-12 所示。

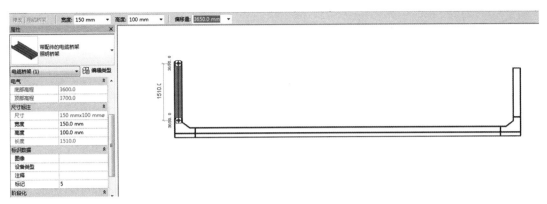

图 9-12　**部分照明桥架**

要添加桥架标记，可以选择功能区中的【注释】→【按类别标记】命令，取消勾选【引线】复选框，在绘图区单击需要标注的桥架，如创建梯级式电缆桥架并创建标记，如图 9-13 所示。

3. 过滤器的设置

为电气专业的各管线设置过滤器，通过颜色予以区分各类型的桥架。

在【可见性 / 图形替换】对话框中选择【过滤器】选项卡，打开【过滤器】对话框，如图 9-14 所示，设置过滤器【电缆桥架】，注意此处的【过滤条件】要设为【类型名称】。

梯级式电缆桥架
|||||300 mmx100|||||
mmø

图 9-13　**桥架标记**

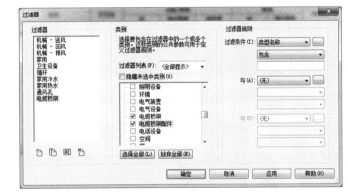

图 9-14　**设置过滤器**

在【过滤器】选项卡中，添加过滤器【电缆桥架】选项，并设置该过滤器的视图颜色，如图 9-15 所示。

4. 配电箱设置

在 Revit 中，配电箱、配电柜、弱电综合箱、综合布线配线架等电气设备都属于可载入族，可用专门的【电气设备】命令放置。若默认的项目样板中没有需要的电气设备族，应从外部族库中载入，或是利用族样板新建族构件。

项目中需要的电气设备族可以在软件自带的族库中找到。在功能区中选择【插入】→【载入族】命令，在软件族库目录【机电 / 供配电 / 配电设备 / 箱柜】下找到如图 9-16 所示的族。

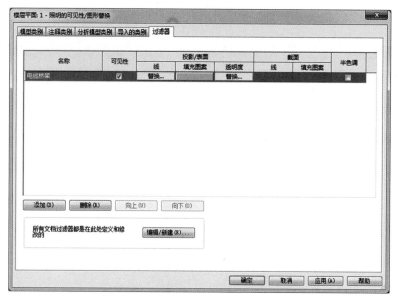

图 9-15　设置桥架过滤器的视图颜色

图 9-16　选择配电箱族

　　单击【打开】按钮，弹出【指定类型】对话框，如图 9-17 所示，可将选择的类型载入到项目文件中。以放置【照明配电箱】为例，在功能区中选择【系统】→【电气设备】命令，在属性栏类型下拉列表中找到对应的族【照明配电箱暗装】。确认族类型属性中的参数设置是否正确，如配电箱厚度超出了墙体厚度，可将其【深度】参数调整到合适的数值，如图 9-18 所示。

　　配电箱的放置高度要到立面图或剖面图中确定，在平面中放置好后，在功能区中选择【视图】→【剖面】命令，平行于墙面创建一个剖面图，观察配电箱的尺寸和高度，可在类型属性重命名配电箱的名称，完成配电箱的设置与绘制。

图 9-17　指定类型

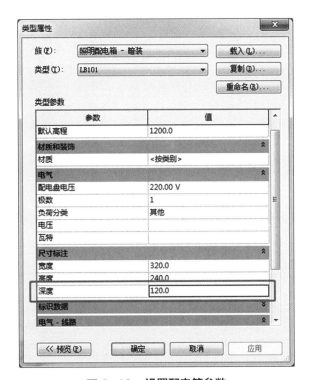

图 9-18　设置配电箱参数

9.4.2　照明灯具创建

Revit 提供了专门的【照明设备】和【设备】命令用于放置灯具和开关。灯具和开关
都是可载入族，如默认的项目样板中没有需要的灯具和开关族，可以从外部族库中载入，

或者利用族样板新建族构件。

在功能区中选择【插入】→【载入族】命令，在族库目录【机电 / 照明 / 室内灯 / 导轨和支架式灯具】中选择合适的灯具族，载入到项目中，如图 9-19 所示。

图 9-19　选择灯具族

在功能区中选择【系统】→【照明设备】命令，进行灯具布置，如图 9-20 所示。

在照明设备属性栏中，选择需要插入的照明设备族，【偏移量】表示需要布置照明设备的高度，在新建类型的类型属性框中，将初始亮度的瓦数修改为图纸要求的瓦数，如图 9-21 所示。

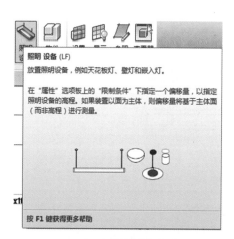

图 9-20　【照明设备】命令

图 9-21　修改灯具类型属性

设置完成后，单击需要布置的照明设备的位置进行布置，如图 9-22 所示，选择布置完成一个照明设备，可以单击【复制】按钮，进行复制操作，要注意复制设置，【约束】是保证在复制时沿着 X 轴和 Y 轴的方向上不偏移，【多个】是可以同时复制多个目标数量，如图 9-23、图 9-24 所示。

在绘图区单击放置灯具，放置时注意将功能区的【修改】选项卡中的【放置】命令设置为【放置在垂直面上】，如图 9-25 所示。

图 9-22　布置照明设备

图 9-23　复制设置

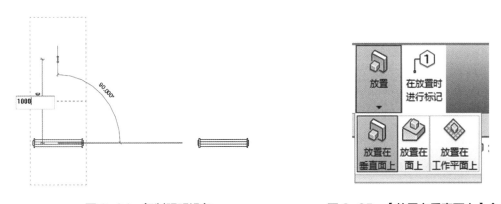

图 9-24　复制照明设备　　　　　图 9-25　【放置在垂直面上】命令

放置好的灯具如图 9-26 所示。

图 9-26　完成灯具的放置

9.4.3　开关插座创建

1. 开关的创建

放置开关要在功能区中选择【系统】→【设备】→【照明】命令，如图 9-27 所示，在【属

性】面板的下拉列表中选择案例需要的类型，如图 9-28 所示。

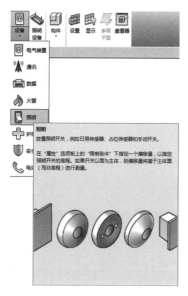

图 9-27　【照明】命令

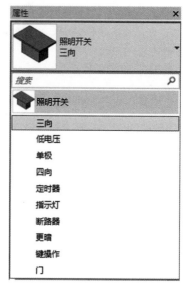

图 9-28　照明开关的类型

放置时，选择功能区的【修改】选项卡中的【放置在垂直面上】、【放置在面上】或【放置在工作平面上】命令，如图 9-29 所示。

在属性栏设置照明开关放置高度，单击附着墙体，放置完成，如图 9-30 所示。

图 9-29　【放置】下拉菜单

图 9-30　完成开关的放置

2. 插座的创建

放置插座要在功能区中选择【系统】→【设备】→【电气装置】命令，如图 9-31 所示。

在照明设备的【属性】面板中，选择需要插入的插座族，也可以载入系统自带族库中的插座族，如图 9-32 所示，【偏移量】表示需要布置插座的高度，设置完成后，进行插座的绘制，具体的绘制方法同开关的创建，完成插座的放置，如图 9-33 所示。

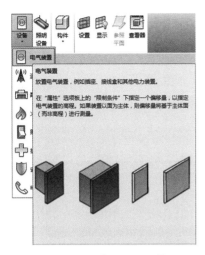

图 9-31　选择【电气装置】命令

图 9-32　插座族

图 9-33　完成插座的放置

9.5　实战案例演练

9.5.1　实战案例

图 9-34 所示为某项目局部电气图纸，绘制出图中的电缆桥架。

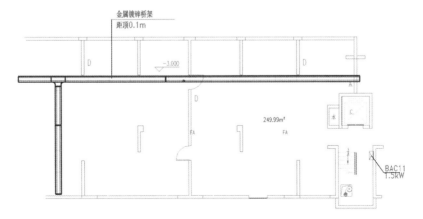

图 9-34　某项目局部电气图

 9.5.2 **案例解析**

(1) 新建项目，导入并链接电气图纸，选择【系统】选项卡，选择电缆桥架。

(2) 设置金属镀锌桥架尺寸，按照设计要求输入，此处按照 400mm×100mm 的尺寸绘制桥架，如果默认没有金属镀锌桥架可以单击【编辑类型】按钮新建，也可以在族库中匹配，绘制时注意顶、底标高，电缆桥架绘制完成如图 9-35 所示。

图 9-35　电缆桥架绘制

(3) 注意，绘制前需要在【类型属性】对话框的【管件】中设置好弯头、T 形三通、交叉件等，这样在绘制时更快捷，如图 9-36 所示。

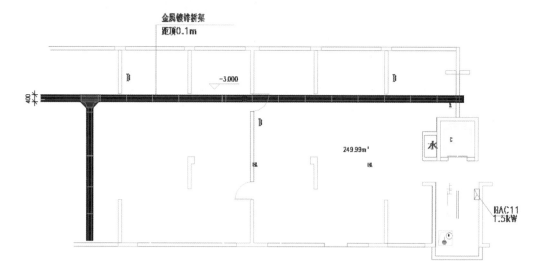

图 9-36　布管系统配置

(4) 槽式电缆桥架水平三通细节图如图 9-37 所示。

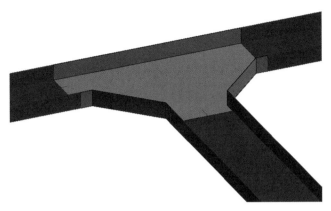

图 9-37　电缆桥架水平三通细节图

(5) 电缆桥架绘制完成三维模型如图 9-38 所示。

图 9-38　电缆桥架三维模型

(6) 检查无误后，保存项目即可。

第 10 章　BIM 的综合应用

【教学目标】

(1) 了解统计明细表。
(2) 掌握布局出图。
(3) 了解管线综合。
(4) 掌握模型集成。
(5) 掌握漫游动画。

【教学要求】

本章要点	掌握层次	相关知识点
统计明细表	(1) 了解统计明细表内容 (2) 掌握统计明细表创建	项目统计明细表
布局出图	(1) 了解平面图、立面图、剖面图、尺寸标注 (2) 输出所需的布置图	出图
管线综合概述	(1) 掌握管线综合的规定 (2) 了解综合模型的要点 (3) 熟悉管线综合的重点和难点	管线综合
模型集成及集成应用	(1) 了解配套软件 Navisworks (2) 制作漫游动画	漫游功能

当 BIM 模型创建完成后，我们需要将项目的所有模型文件整合到一起，进行模型的检查和相关模型应用。本章将重点讲解创建统计明细表、布局出图、管线的综合布置及生成漫游动画等方面的内容。

10.1　统计明细表

统计明细表创建
与导出 .mp4

明细表是通过表格的方式来展现模型图元的参数信息，对于项目的任何修改，明细表都将自动更新来反映这些修改，同时还可以将明细表添加到图纸中。使用【明细表 / 数量】工具可以按对象类别统计并列表显示项目中各类模型图元信息。例如，可以统计项目中所有门、窗图元的宽度、高度、数量等。在功能区中选择【视图】→【明细表】命令，可以在【明细表】下拉列表中看到所有的明细表类型。

明细表 / 数量：针对【建筑构件】按类别创建的明细表，例如门、窗、幕墙嵌板、墙明细表，可以列出项目中所有用到的门窗的个数、类型等常用信息。

- 材质明细表：除了具有【明细表 / 数量】的所有功能之外，还能够针对建筑构件的子构件的材质进行统计。例如，可以列出所有用到【混凝土】这类材质的墙体，并且统计其面积，用于施工成本计算。
- 图纸列表：列出项目中所有的图纸信息。
- 视图列表：列出项目中所有的视图信息。
- 注释图块：列出项目中所使用的注释、符号等信息。例如，列出项目中所有选用标准图集的详图。

明细表可以提取的参数主要有：项目参数、共享参数、族系统定义的参数。其中特别要提醒的是，在创建【可载入族】时，用户自定义的参数不能在明细表中被读取，必须以共享参数的形式创建，才能在明细表中被读取。可以利用明细表视图修改项目中模型图元的参数信息，以提高修改大量具有相同参数值的图元属性时的效率。

1．门明细表

在进行施工图设计时，最常用的统计表格是门窗统计表和图纸列表，门窗统计表可以统计项目中所有的门窗构件的宽度、高度、数量等。下面我们进行门明细表的学习。

(1) 默认明细表视图。在已建好的项目样板中，已经设置了门明细表和窗明细表两个明细表视图，并组织在项目浏览器【明细表 / 数量】类别中。切换至门明细表视图，如图 10-1 所示。

(2) 新建明细表。在功能区选择【视图】→【明细表】→【明细表 / 数量】命令，在弹出的【新建明细表】对话框中单击【类别】列表中的【门】对象类型，即本明细表统计项目中对象类别的图元信息；修改明细表名称为【新建明细表】；确认明细表类型为【建筑构件明细表】，其他参数默认，单击【确定】按钮，打开【新建明细表】对话框，如图 10-2 所示。在【过滤器列表】中可以筛选出一部分对象类型，能够节省寻找目标对象类型的时间。在该步中可以选择【过滤器列表】中的【建筑】选项；【阶段】指的是各构件存在的时间信息。

(3) 设置新建明细表字段。在【明细表属性】对话框的【字段】选项卡中，【可用字段】

列表中显示门对象类别中所有可以在明细表中显示的实例参数和类型参数，依次在列表中选择类型、宽度、高度、注释、合计和框架类型参数，单击【添加】按钮，添加到右侧的【明细表字段 (按顺序排列)】列表中。在【明细表字段 (按顺序排列)】列表中选择各参数，单击【上移】按钮或【下移】按钮，如图 10-3 所示，按图中所示顺序调节字段顺序，该列表中从上至下的顺序反映了明细表从左至右各列的显示顺序。最后单击【确定】按钮完成操作。并非所有图元实例参数和类型参数都能作为明细表字段。族中自定义的参数中，仅使用共享参数才能显示在明细表中。

<门明细表>

标高	族与类型	宽度	高度	防火等级
F1	双面嵌板镶玻	1500	2100	
F1	双面嵌板镶玻	1500	2100	
F1	双面嵌板镶玻	1500	2100	
F1	双面嵌板镶玻	1500	2100	
F1	双面嵌板镶玻	1500	2100	
F1	双面嵌板镶玻	1500	2100	
F1	双面嵌板镶玻	1500	2100	
F1	双面嵌板镶玻	1500	2100	
F1	双面嵌板镶玻	1500	2100	
F1	防火门A-双扇9	1500	2400	
F1	防火门A-双扇9	1500	2400	
F1	单扇 - 与墙齐	900	2100	
F1	单扇 - 与墙齐	900	2100	
F1	双面嵌板木门	1500	2700	
F1	双面嵌板木门	1500	2700	
F1	双面嵌板镶玻	1500	2100	

图 10-1　门明细表视图

图 10-2　【新建明细表】对话框

(4) 设置新建明细表排序 / 成组。切换至【排序 / 成组】选项卡，设置【排序方式】为【标高】，排序顺序为【升序】；取消勾选【逐项列举每个实例】选项，即 Revit 将按门【标高】参数值在明细表中汇总显示各已选字段，如图 10-4 所示。

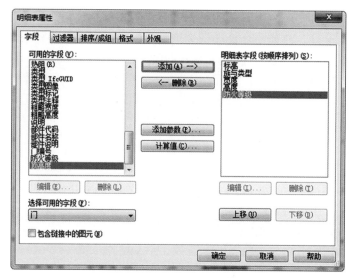

图 10-3　【字段】选项卡

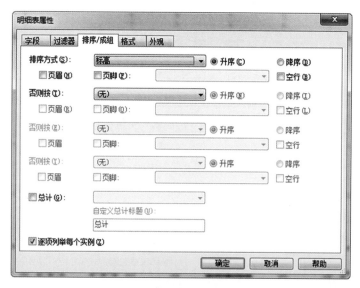

图 10-4　【排序 / 成组】选项卡

(5) 设置新建明细表外观。切换至【外观】选项卡，确认勾选【网格线】选项，设置网格线样式为【细线】；确认勾选【轮廓】选项，设置轮廓线样式为【中粗线】，取消勾选【数据前的空行】选项；确认勾选【显示标题】和【显示页眉】选项，分别设置【标题文本】、【标题】和【正文】样式为【仿宋_3.5mm】，单击【确定】按钮，完成明细表属性设置。如图 10-5 所示，仅当明细表放置在图纸上后，【明细表属性】对话框【外观】选项卡中定义的外观样式才会发挥作用。

(6) 出表。Revit 自动按指定字段建立名称为【门明细表】的新明细表视图，并自动切换至该视图，如图 10-6 所示，并自动切换至【修改明细表|数量】上下文关联选项卡。

图 10-5　【外观】选项卡

〈门明细表〉

A	B	C	D	E
标高	族与类型	宽度	高度	防火等级
F1	双面嵌板玻璃	1500	2100	
F1	双面嵌板玻璃	1500	2100	
F1	双面嵌板玻璃	1500	2100	
F1	双面嵌板玻璃	1500	2100	
F1	双面嵌板玻璃	1500	2100	
F1	双面嵌板玻璃	1500	2100	
F1	双面嵌板玻璃	1500	2100	
F1	双面嵌板玻璃	1500	2100	
F1	防火门A-双扇9	1500	2400	乙级
F1	防火门A-双扇9	1500	2400	乙级
F1	单扇 - 与墙齐	900	2100	
F1	单扇 - 与墙齐	900	2100	
F1	双面嵌板木门	1500	2700	
F1	双面嵌板木门	1500	2700	
F1	双面嵌板玻璃	1500	2100	

图 10-6　【门明细表】新明细表视图

(7) 运用【成组】工具。在明细表视图中可以进一步编辑明细表外观样式，按住并拖动鼠标左键选择【宽度】和【高度】列页眉，单击【明细表】面板中的【成组】工具，合并生成新表头单元格。单击合并生成的新表头行单元格，进入文字输入状态，输入【尺寸】作为新页眉行名称，如图 10-7 所示。

(8) 修改各表头名称。单击表头各单元格名称，进入文字输入状态后，可以根据设计需要修改各表头名称，修改明细表表头名称不会改变图元参数名称，如图 10-8 所示。

(9) 设置新建明细表过滤条件。单击【属性】面板中的【其他】列表中的【过滤器】按钮。在弹出的【明细表属性】对话框【过滤器】选项卡中设置【过滤条件】为【高度】、【不等于】和 2400，同时第二组过滤条件变成可用；修改第二组【过滤条件】为【宽度】、【不等于】和 900，即在明细表中显示所有高度不等于 2400 且宽度不等于 900 的图元。完成后单击【确定】按钮，返回明细表视图，如图 10-9 所示。

	A	B	C	D	E
			尺寸		
	标高	族与类型	宽度	高度	防火等级
	F1	双面嵌板镶玻璃	1500	2100	
	F1	双面嵌板镶玻璃	1500	2100	
	F1	双面嵌板镶玻璃	1500	2100	
	F1	双面嵌板镶玻璃	1500	2100	
	F1	双面嵌板镶玻璃	1500	2100	
	F1	双面嵌板镶玻璃	1500	2100	
	F1	双面嵌板镶玻璃	1500	2100	
	F1	双面嵌板镶玻璃	1500	2100	
	F1	双面嵌板镶玻璃	1500	2100	
	F1	防火门A-双扇9	1500	2400	乙级
	F1	防火门A-双扇9	1500	2400	乙级
	F1	单扇 - 与墙齐	900	2100	
	F1	单扇 - 与墙齐	900	2100	
	F1	双面嵌板木门 6	1500	2700	
	F1	双面嵌板木门 6	1500	2700	
	F1	双面嵌板镶玻璃	1500	2100	

图 10-7　生成新表头单元格

〈门明细表〉

	A	B	C	D	E
			尺寸		防火等级
	标高	族与类型	宽度	高度	
	F1	双面嵌板镶玻璃	1500	2100	
	F1	双面嵌板镶玻璃	1500	2100	
	F1	双面嵌板镶玻璃	1500	2100	
	F1	双面嵌板镶玻璃	1500	2100	
	F1	双面嵌板镶玻璃	1500	2100	
	F1	双面嵌板镶玻璃	1500	2100	
	F1	双面嵌板镶玻璃	1500	2100	
	F1	双面嵌板镶玻璃	1500	2100	
	F1	双面嵌板镶玻璃	1500	2100	
	F1	防火门A-双扇9	1500	2400	乙级
	F1	防火门A-双扇9	1500	2400	乙级
	F1	单扇 - 与墙齐	900	2100	
	F1	单扇 - 与墙齐	900	2100	
	F1	双面嵌板木门 6	1500	2700	
	F1	双面嵌板木门 6	1500	2700	
	F1	双面嵌板镶玻璃	1500	2100	

图 10-8　修改表头名称

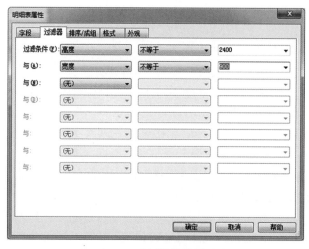

图 10-9　【过滤器】选项卡

(10) 设置新建明细表格式。单击【属性】面板中的【其他】列表中的【过滤器】按钮。在弹出的【明细表属性】对话框【格式】选项卡的字段列表中列举当前明细表中所有的可用字段。选择【标高】字段，注意该字段标题已修改为【楼层】，设置【对齐】方式为【中心线】，即明细表中该列统计数据将在明细表中居中显示，如图 10-10 所示，完成后单击【确定】按钮，返回明细表视图，注意该字段统计数值全部居中显示。可以分别设置字段在【水平】和【垂直】标题方向上的对齐方式。

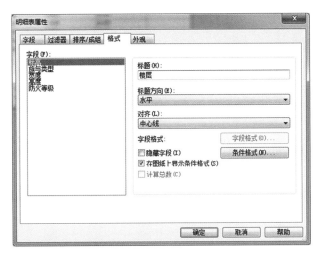

图 10-10　【格式】选项卡

(11) 保存门明细表。单击应用程序图标(R)，打开【应用程序菜单】，选择【另存为】→【库】→【视图】命令，如图 10-11 所示。在弹出的【保存视图】对话框中选择显示视图类型为【显示所有视图和图纸】，在列表中勾选要保存的视图，单击【确定】按钮即可将所选视图保存为独立的 rvt 文件，如图 10-12 所示，或者在项目浏览器中右击要保存的视图名称，在弹出的快捷菜单中选择【保存到新文件】，也可将视图保存为 rvt 文件。

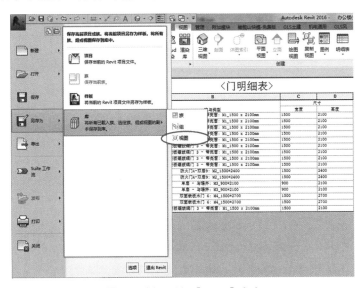

图 10-11　选择【视图】命令

2. 窗明细表

在建筑专业中，窗的明细表很重要。此表为主体完成后进行窗装配时提供供货的依据。可以进行比较细致的统计，如玻璃面积等；也可以从全局上进行统计，如同类型窗的个数，具体操作如下。

(1) 默认明细表视图。在已建好的项目样板中，已经设置了门明细表和窗明细表两个明细表视图，并组织在项目浏览器【明细表/数量】类别中。切换至窗明细表视图，如图 10-13 所示。

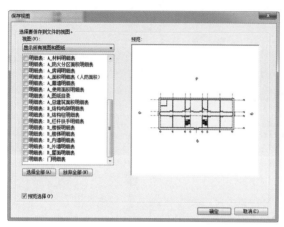

图 10-12 【保存视图】对话框

图 10-13 【新建明细表】对话框

(2) Revit 将按该明细表视图设置的样式生成名称为【办公楼-窗明细表】的新明细表视图，如图 10-14 所示。

<办公楼-窗明细表>				
A	B	C	D	E
标高	族与类型	尺寸		合计
		宽度	高度	
F1	组合窗 - 双层单列(四扇推拉) - 上部双扇	1800	1500	1
F1	组合窗 - 双层单列(四扇推拉) - 上部双扇	1800	1500	1
F1	组合窗 - 双层单列(四扇推拉) - 上部双扇	1800	1500	1
F1	组合窗 - 双层单列(四扇推拉) - 上部双扇	1800	1500	1
F1	组合窗 - 双层单列(四扇推拉) - 上部双扇	1800	1500	1
F1	组合窗 - 双层单列(四扇推拉) - 上部双扇	1800	1500	1
F1	组合窗 - 双层单列(四扇推拉) - 上部双扇	1800	1500	1
F1	组合窗 - 双层单列(四扇推拉) - 上部双扇	1800	1500	1
F1	组合窗 - 双层单列(四扇推拉) - 上部双扇	1800	1500	1
F1	组合窗 - 双层单列(四扇推拉) - 上部双扇	1800	1500	1
F1	组合窗 - 双层单列(四扇推拉) - 上部双扇	1800	1500	1
F1	组合窗 - 双层单列(四扇推拉) - 上部双扇	1800	1500	1
F1	组合窗 - 双层单列(四扇推拉) - 上部双扇	1800	1500	1
F1	组合窗 - 双层单列(四扇推拉) - 上部双扇	1800	1500	1
F1	组合窗 - 双层单列(四扇推拉) - 上部双扇	1800	1500	1
F1	组合窗 - 双层单列(四扇推拉) - 上部双扇	1800	1500	1
F1	组合窗 - 双层单列(四扇推拉) - 上部双扇	1800	1500	1
F1	单层三列: C2_1800*650	1800	650	1
F1	单层三列: C2_1800*650	1800	650	1
F1	组合窗 - 双层单列(四扇推拉) - 上部双扇	1800	1500	1

图 10-14 新明细表视图

(3) 添加公式。打开【办公楼-窗明细表】中的【明细表属性】对话框，并切换至【字段】选项卡。单击【计算值】按钮，弹出【计算值】对话框，输入字段名称为【窗口面积】，设置字段【类型】为【面积】，单击【公式】后的…按钮，打开【字段】对话框，选择【宽度】及【高度】字段，形成【宽度高度】公式，然后单击【确定】按钮，返回【明细表属性】对话框，修改【窗口面积】字段位于列表最下方，单击【确定】按钮，返回明细表视图，如图 10-15 所示。

图 10-15　添加公式

(4) Revit 将根据当前明细表中各窗口高度和宽度值计算窗口面积，并按项目设置的面积单位显示窗口面积，如图 10-16 所示。

<办公楼-窗明细表>				
A	B	C	D	E
		尺寸		
标高	族与类型	宽度	高度	窗口面积
F1	组合窗 - 双层单列(四扇推拉) - 上部双扇	1800	1500	2.70
F1	组合窗 - 双层单列(四扇推拉) - 上部双扇	1800	1500	2.70
F1	组合窗 - 双层单列(四扇推拉) - 上部双扇	1800	1500	2.70
F1	组合窗 - 双层单列(四扇推拉) - 上部双扇	1800	1500	2.70
F1	组合窗 - 双层单列(四扇推拉) - 上部双扇	1800	1500	2.70
F1	组合窗 - 双层单列(四扇推拉) - 上部双扇	1800	1500	2.70
F1	组合窗 - 双层单列(四扇推拉) - 上部双扇	1800	1500	2.70
F1	组合窗 - 双层单列(四扇推拉) - 上部双扇	1800	1500	2.70
F1	组合窗 - 双层单列(四扇推拉) - 上部双扇	1800	1500	2.70
F1	组合窗 - 双层单列(四扇推拉) - 上部双扇	1800	1500	2.70
F1	组合窗 - 双层单列(四扇推拉) - 上部双扇	1800	1500	2.70
F1	组合窗 - 双层单列(四扇推拉) - 上部双扇	1800	1500	2.70
F1	组合窗 - 双层单列(四扇推拉) - 上部双扇	1800	1500	2.70
F1	组合窗 - 双层单列(四扇推拉) - 上部双扇	1800	1500	2.70
F1	组合窗 - 双层单列(四扇推拉) - 上部双扇	1800	1500	2.70
F1	组合窗 - 双层单列(四扇推拉) - 上部双扇	1800	1500	2.70
F1	组合窗 - 双层单列(四扇推拉) - 上部双扇	1800	1500	2.70
F1	组合窗 - 双层单列(四扇推拉) - 上部双扇	1800	1500	2.70
F1	单层三列: C2_1800*650	1800	650	1.17
F1	单层三列: C2_1800*650	1800	650	1.17
F1	组合窗 - 双层单列(四扇推拉) - 上部双扇	1800	1500	2.70

图 10-16　计算结果

(5) 保存窗明细表。在【应用程序菜单】中选择【另存为】→【库】→【视图】命令。在弹出的【保存视图】对话框中选择显示视图类型为【显示所有视图和图纸】，在列表中勾选要保存的视图，单击【确定】按钮即可将所选视图保存为独立的 rvt 文件，或者在项目浏览器中右击要保存的视图名称，在弹出的快捷菜单中选择【保存到新文件】，也可将

视图保存为 rvt 文件，如图 10-17 所示。

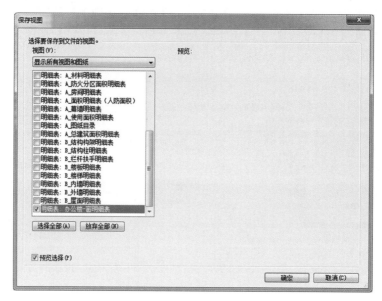

图 10-17 【保存视图】对话框

3. 建筑工程量的统计

建筑专业的工程量主要是指建筑专业中一些构件的用量，如作为填充墙的加气混凝土砌体、门窗中的玻璃等。具体操作如下。

材料的数量是项目施工采购或项目概预算的基础，Revit 提供了【材质提取】明细表工具用于统计项目中各对象材质生成材质统计明细表。【材质提取】明细表的使用方式与上一节中介绍的【明细表/数量】类似。下面使用【材质提取】统计综合楼项目中的墙材质。

(1) 创建墙明细表。单击【视图】选项卡【创建】面板中的【明细表】工具下拉按钮，在列表中选择【材质提取】工具，在弹出的【新建材质提取】对话框中的【类别】列表中选择【墙】类别，输入明细表【名称】为【墙材质提取】，单击【确定】按钮，打开【材质提取属性】对话框，如图 10-18 所示。在【过滤器列表】中可以筛选出一部分对象类型，能够节省寻找目标对象类型的时间。在该步中可以选择【过滤器列表】中的【建筑】选项；【阶段】指的是各构件存在的时间信息。

(2) 设置明细表属性。依次添加【材质：名称】和【材质：体积】至明细表字段列表中，如图 10-19 所示，然后切换至【排序/成组】选项卡，设置排序方式为【材质：名称】；取消勾选【逐项列举每个实例】选项，单击【确定】按钮，完成明细表属性设置，生成【明细表】。注意明细表已按名称排列，如图 10-20 所示。

(3) 设置明细表格式。打开明细表视图【属性】对话框，单击【格式】后的【编辑】按钮，打开【材质提取属性】对话框并自动切换至【格式】选项卡，在【字段】列表中选择【材质：体积】字段，勾选【在图纸上显示条件格式】、【计算总数】选项，单击【确定】按钮，返回明细表视图，如图 10-21 所示。单击【字段格式】按钮可以设置材质体积的显示单位、精度等。默认采用项目单位设置。

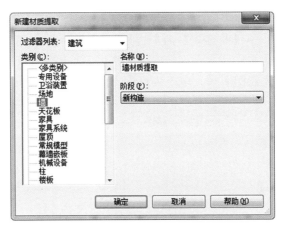

图 10-18   【新建材质提取】对话框

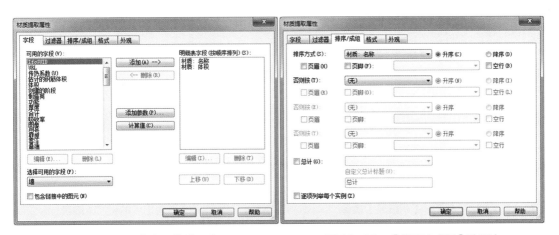

图 10-19   【字段】选项卡   图 10-20   【排序 / 成组】选项卡

图 10-21   设置明细表格式

(4) Revit 会自动在明细表视图中显示各类型材质的汇总体积。在【应用程序菜单】中选择【导出】→【报告】→【明细表】命令，如图 20-22 所示。可以将所有类型的明细表均导出为以逗号分隔的文本文件，大多数电子表格应用程序如 Microsoft Excel 可以很好地支持这类文件，将其作为数据源导入电子表格程序中，如图 10-23 所示。

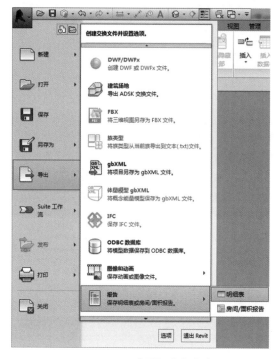

图 10-22　【明细表】命令　　　　　　图 10-23　导出后的材质明细表

4. 结构工程量的统计

结构专业的工程量最主要的是统计混凝土用量，当然混凝土是有级别的，如 C30、C35、C40、C45 等，可以按级别统计，也可以整体计算用量，其具体操作如下。

(1) 创建柱明细表。单击【视图】选项卡【创建】面板中的【明细表】工具下拉按钮，在列表中选择【材质提取】工具，在弹出的【新建材质提取】对话框中的【类别】列表中选择【柱】类别，输入明细表名称为【柱材质提取】，单击【确定】按钮，打开【材质提取属性】对话框，如图 10-24 所示。在【过滤器列表】中可以筛选出一部分对象类型，能够节省寻找目标对象类型时间。在该步中可以选择【过滤器列表】中的【结构】选项；【阶段】指的是各构件存在的时间信息。

(2) 设置明细表字段。依次添加【材质：名称】和【材质：面积】至明细表字段列表中，然后单击【确定】按钮，生成【柱材质提取】明细表。注意明细表已按设置排列，如图 10-25 所示。

(3) 设置明细表【排序/成组】。单击明细表视图【属性】面板中的【排序/成组】参数后的【编辑】按钮，在弹出的【材质提取属性】对话框【排序/成组】选项卡中设置排序方式为【材质：名称】，取消勾选【逐项列举每个实例】选项，如图 10-26 所示。

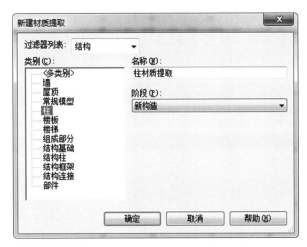

图 10-24　【新建材质提取】对话框

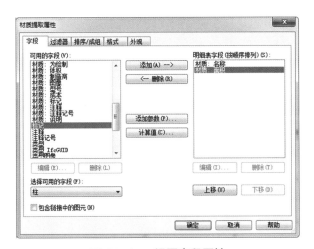

图 10-25　设置字段属性

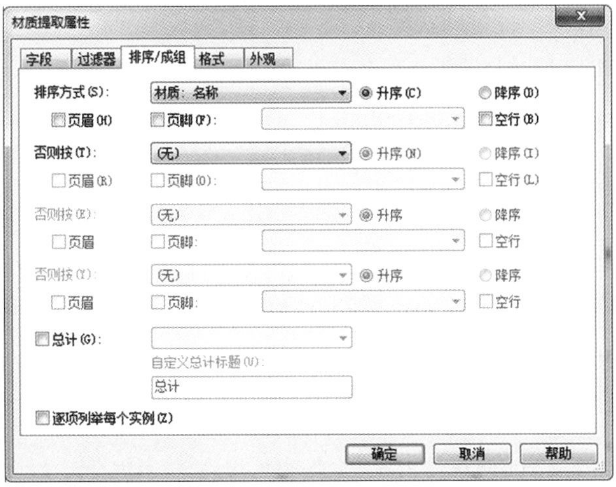

图 10-26　设置明细表排序／成组属性

(4) 设置明细表格式。切换至【格式】选项卡,在【字段】列表中选择【材质:面积】字段,勾选【计算总数】选项,单击【确定】按钮,返回明细表格式,如图 10-27 所示。单击【字段格式】按钮可以设置材质面积的显示单位、精度等,默认采用项目单位设置。

图 10-27　设置明细表格式属性

(5) 保存明细表。在【应用程序菜单】中选择【另存为】→【库】→【视图】命令保存柱材质明细表,如图 10-28 所示,也可以选择导出明细表用其他格式保存,如图 10-29所示。

图 10-28　【视图】命令

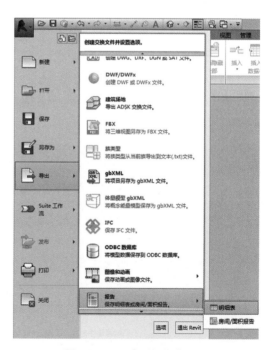

图 10-29　【明细表】命令

10.2　布局出图

布局出图 .mp4

建筑设计是一个不断深化的过程，从建筑方案到建筑施工图，由三维模型到二维图纸，Revit 提供了这样的操作模式。本节将介绍如何将前面完成的三维模型，进一步地深化，达到施工图出图的要求，并描绘了平面图、立面图、剖面图、大样图（详图）等的制作过程。

建筑平面图是建筑施工图的基本样图，是假想用一水平的剖切面沿门窗洞位置将房屋剖切后，对剖切面以下部分所作的水平投影图。其反映了房屋的平面形状、大小和布置；墙、柱的位置、尺寸和材料；门窗的类型和位置等。

1. 输出平面图

（1）切换到一层平面图。在项目浏览器中，单击【楼层平面】栏中的 F1 视图，如图 10-30 所示，从立面进入到一层平面视图，如图 10-31 所示。

图 10-30　切换一层视图

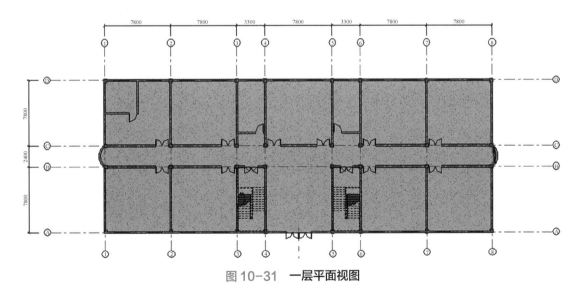

图 10-31　一层平面视图

（2）设置标注样式。按 D+I 快捷键，在【属性】面板可观看到已经变为标注类型，单击【编辑类型】按钮，在弹出的【类型属性】对话框中单击【复制】按钮，在弹出的【名称】对话框中设置好新的标注样式名称，并单击【确定】按钮，如图 10-32 所示，然后在【类型属性】对话框中的【颜色】栏选择【绿色】，【宽度系数】设置为 0.6 个单位。将尺寸标注的颜色设置为绿色的原因是，国内目前主流的建筑 CAD 软件，如天正建筑，都将标注设为绿色，便于统一出图，如图 10-33 所示。

图 10-32　新建线性尺寸标注样式

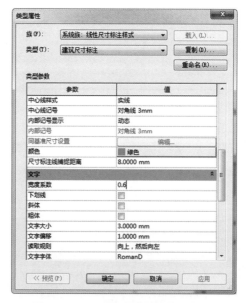

图 10-33　设置线性尺寸标注样式

(3) 标注轴线尺寸。按 D+I 快捷键，从左向右对轴线进行尺寸标注，如图 10-34 所示。轴线尺寸标注完成后，更改为新建标注样式，或直接使用新建的标注样式进行标注，如图 10-35 所示。

(4) 标注总尺寸。按 Enter 键，对整个建筑的面宽（就是这个方向的轴线总尺寸）进行标注。在 Revit 中，按 Enter 键，就是重复上一次的命令，这个方法与 AutoCAD 的操作类似，经常用到，如图 10-36 所示。

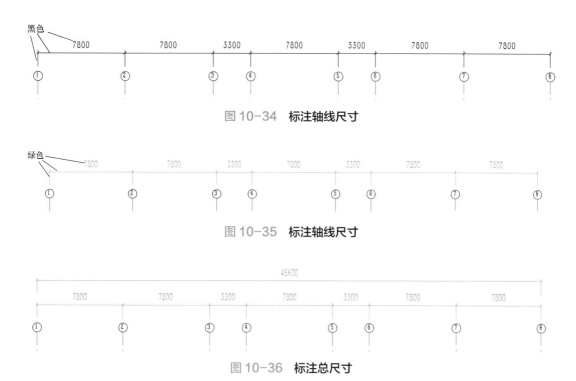

图 10-34　标注轴线尺寸

图 10-35　标注轴线尺寸

图 10-36　标注总尺寸

(5) 载入平面标高族。在功能区中选择【插入】→【载入族】命令，在弹出的【载入族】对话框中选择本书附带的【平面标高 (基线).rfa】族文件，如图 10-37 所示。

图 10-37　载入平面标高族

(6) 平面标高标注。在功能区中选择【注释】→【符号】命令，在建筑室外处放置刚载入的标高符号。选择放的标高符号，在【属性】面板的【请输入标高】栏中输入 -0.450 字样，完成后如图 10-38 所示。这个 -0.450 就是室外地坪的标高。

(7) 使用同样的方法，在出入口的室内部位，绘制一个 ±0.000 的标高，如图 10-39 所示。

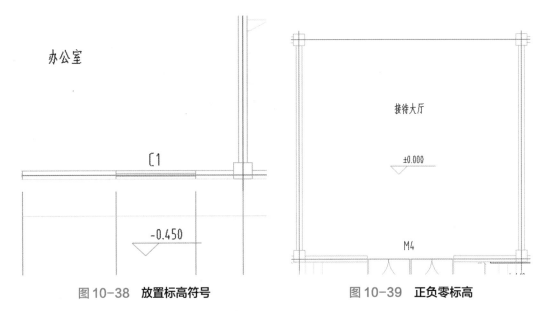

图 10-38　放置标高符号　　　　　　　图 10-39　正负零标高

2. 输出立面墙

建筑立面图是在与房屋立面相平行的投影面上所作的正投影图，简称立面图。其中反映主要出入口或比较显著地反映房屋外貌特征的那一面立面图，称为正立面图。其余的立面图相应地称为背立面图、侧立面图。通常也可按房屋朝向来命名，如南北立面图、东西立面图。本小节中以西立面为例，说明立面图绘制的一般方法。

(1) 切换到西立面。在项目浏览器中，单击【立面(建筑立面)】栏中的【西】立面视图，如图 10-40 所示，从平面进入到【西】立面视图，如图 10-41 所示。

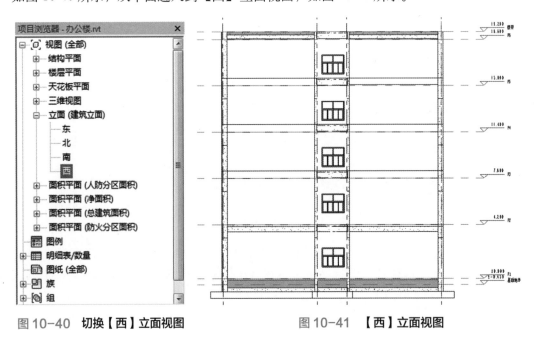

图 10-40　切换【西】立面视图　　　　　图 10-41　【西】立面视图

(2) 隐藏参照平面。按 V+V 快捷键，在弹出的【立面：西的可见性 / 图形替换】对话框中，切换到【注释类别】选项卡，取消对【参照平面】的勾选，单击【确定】按钮，如图 10-42 所示，进行此步操作后，立面图中的参照平面就被隐藏起来。

图 10-42　隐藏参照平面

(3) 调整轴号。选择立面图中上部的轴号，去掉轴号旁边小方框中的勾选，这样就隐藏了上部的轴号。然后将下部两端的轴号显示出来，如图 10-43 所示，完成立面图的轴号调整，如图 10-44 所示。

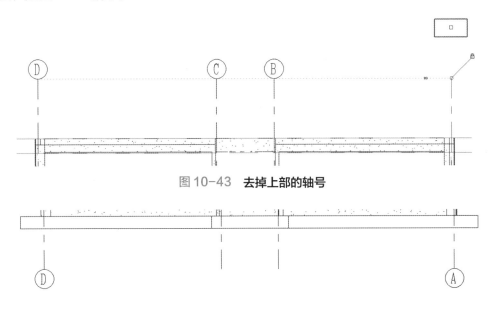

图 10-43　去掉上部的轴号

图 10-44　显示下部两端的轴号

在建筑施工图的立面图中,《建筑制图标准》(GB/T 50104—2010) 规定只能显示当前立面下部两端的轴号,其余的轴号都不需要。

(4) 立面尺寸标注。按 D+I 快捷键,系统会自动调用上次操作的标注样式,移动视图到左侧,从下向上标注纵向的尺寸,如图 10-45 所示,使用同样的命令,对 D—A 轴的面宽尺寸进行标注,如图 10-46 所示。

3. 输出剖面图

假想用一个或多个垂直于外墙轴线的铅垂剖切面,将房屋剖开,所得的投影图,称为建筑剖面图,简称剖面图。剖面图用于表示房屋内部的结构或构造形式、分层情况和各部位的联系、材料及其高度等,是与平、立面图相互配合的不可缺少的重要图样之一。

剖面图的数量是根据房屋的具体情况和施工实际需要而决定的。剖切面一般为纵向,即平行于侧面,必要时也可横向,即平行于正面。其位置应选择在能反映出房屋内部构造比较复杂与典型的部位,并应通过门窗洞的位置。若为多层房屋,应选择在楼梯间或层高不同、层数不同的部位。

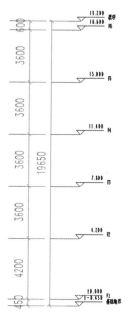

图 10-45　立面尺寸标注

图 10-46　立面面宽标注

(1) 绘制剖切符号。切换到一层平面图,在功能区中选择【视图】→【剖面】命令,在一层平面图中绘制一个横向的剖切符号,如图 10-47 所示。

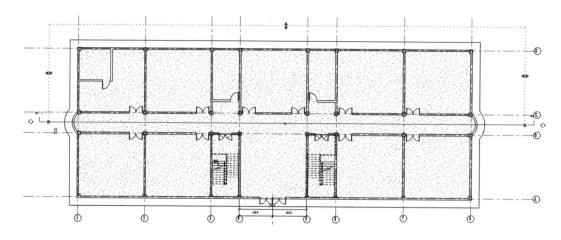

图 10-47　绘制横向的剖切符号

(2) 进入剖面视图。在项目浏览器中，单击【剖面 (建筑剖面)】栏中的【剖面 1】命令，如图 10-48 所示，进入到剖面视图，如图 10-49 所示。

图 10-48　单击【部面 1】命令

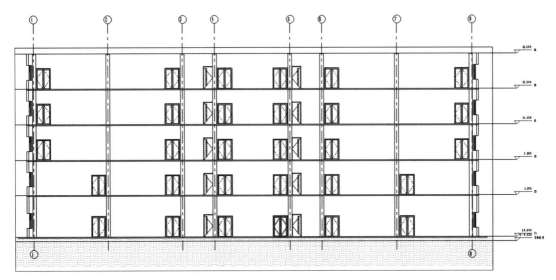

图 10-49　进入剖面视图

(3) 隐藏参照平面。按 V+V 快捷键，在弹出的【剖面：剖面 1 的可见性 / 图形替换】对话框中，切换到【注释类别】选项卡，取消对【参照平面】的勾选，单击【确定】按钮，如图 10-50 所示。

(4) 调整轴号。与上一小节立面图调整轴号操作类似，隐藏剖面图上部的轴号，显示下部两端的轴号，如图 10-51 所示。

(5) 剖面尺寸标注。按 D+I 快捷键，系统会自动调用上次操作的标注样式，移动视图到右侧，从下向上标注纵向的尺寸，然后对 1—8 轴的剖面总体尺寸进行标注，如图 10-52 所示。

图 10-50　隐藏参照平面

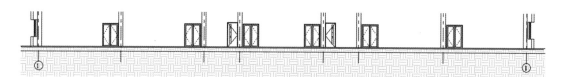

图 10-51　调整轴号

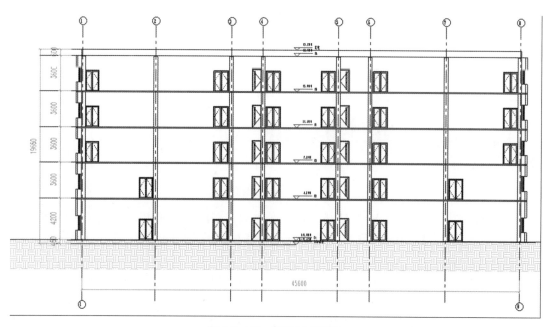

图 10-52　剖面尺寸标注

10.3　管线综合基础

随着建筑市场的逐渐完善和发展，我国的建筑物设计、产品也有了质的飞跃，但在细节处理和产品整体品质完成度上，同国外先进水平尚有较大的差距，建成效果与预先方案也有很大差别。其主要原因是传统的设计理念淡化了综合管线在建筑整体品质中应发挥的作用。本章通过对建筑物管线用途的本质思考，提出如何优化管线敷设的方法。在建筑空间效果、使用舒适度、节能环保、经济适用等方面，寻求各方效益的平衡点，使建筑物功能效益最优化。

10.3.1　管线综合概述

1. 建筑物管线综合敷设的意义和重要性

现代建筑物设备的综合性、智能性较过去有了很大的提高，各设备管线之间的敷设难免出现撞车问题，迫使在建筑设计层面上作出调整。传统的综合管线施工过程中仅仅考虑如何塞得下不碰撞，注意力放在了管道的走向与排布上，当原来布置的走向、位置不合理或与其他工程发生矛盾时，才考虑调整位置和专业相互协调意见。这种设计管线敷设只考虑单学科局部使用功能，无疑造成了浪费、不合理的结果，至少不是最优化的结果。管线作为现代建筑布局整体的一部分，应该满足整体空间效果节约造价、节能环保的要求。

另外，仅从供暖管道布线分析，现阶段我国单位建筑面积上能耗为同等气候发达国家的三倍以上。从可持续发展和维护人类生存条件的角度看，合理布置管道布线，降低建筑能耗，节约自然资源，是建筑设计者迫在眉睫的事情。

2. 管线综合优化设计理念概述

建筑作为特殊形式的产品，与其他类型的工业产品有相同之处。要求设计人员根据工程项目的需求，分析已有产品的优缺点，兼顾功能、结构、工艺、材料、成本等因素，预测产品将来的情况。从产品技术设计到工业生产方法及外观形态，都能按照设定方案来实现，使产品的社会价值与经济要求有机地结合起来。管线设计作为建筑设计完成的技术手段，应与其整个系统保持一致，是多方位整体性的系统化设计。设计者从不同的思考角度出发，会得出不同的侧重点，最优化概念的综合管线设计主要考虑下述几种设计方法。

10.3.2　管线综合一般规定

1. 管线综合布置原则

(1) 满足深化设计施工规范：机电管线综合不能违背各专业系统原设计愿望，保证各系统的使用功能，同时应该满足业主对建筑空间的要求，满足建筑本身的使用功能要求。

对于特殊建筑形式或特殊结构形式（如屋面钢结构桁架区域），还应该与专业设计沟通，对双方专业的特殊要求进行协调，保证双方的使用功能不受影响。

(2) 合理利用空间：机电管线的布置应该在满足使用功能、路径合理、方便施工的原则下尽可能集中布置，系统主管线集中布置在公共区域。

(3) 满足施工和维护空间需求：充分考虑系统调试、检测和维修的要求，合理确定各种设备、管线、阀门和开关等的位置和距离，避免软碰撞。

(4) 满足装饰需求：机电综合管线布置应充分考虑机电系统安装后能满足各区域的净空要求，无吊顶区域的管线排布整齐、合理、美观。

(5) 保证结构安全：机电管线需要穿梁，穿一次结构墙体时，需充分与结构设计师沟通，绝对保障结构安全。

2. 管线综合注意事项

(1) 管线综合一般排布原则。

①尽量安排喷淋管道贴梁安装，预留 200mm 空间，其余管线不占用喷淋管道预留的 200mm 空间。

②在平面上主风管不应与成排的主水管和桥架交叉。

③当水支管或者电专业桥架与风管支管交叉时，可以采用风管从梁间上翻或在不影响净高的情况下风管下翻绕开。

④电专业桥架布置，尽可能利用平面空间，若出现与水管交叉的情况，应将电专业桥架排布在水管上层。

(2) 管线综合一般步骤。

①确定各类管线的大概标高和位置。

②调整电桥架、水管主管和风管的平面图位置以便综合考虑。

③根据局部管线冲突的情况对管线进行调整。

(3) 管线综合一般避让原则。

①小管让大管。

②利用梁间空隙。

③风水管交叉处，局部应风管下翻（风管管径小于 320mm 时）。

④所有管线避让自流管道。

⑤造价低的管道避让造价高的管道。

10.3.3 管线综合模型要求

模型过滤器颜色区分，参见表 10-1。

表 10-1　模型过滤器的颜色

暖　通		给水排水		电	
管线名称	实施方案颜色	管线名称	实施方案颜色	管线名称	实施方案颜色
空调冷却水供水	102.153.255	消火栓管道	255.0.0	强电桥架	255.0.0

暖　通		给水排水		电	
管线名称	实施方案颜色	管线名称	实施方案颜色	管线名称	实施方案颜色
空调冷却水回水	0.160.156	自动喷淋系统	255.0.0	普通动力桥架	190.0.100
空调热水给水	200.0.0	生活给水管	0.255.0	照明桥架	200.20.158
空调热水回水	100.0.0	生活热水管	255.0.0	高压桥架	200.20.200
冷却循环水	0.0.255	生活废水	155.155.51	弱电桥架	255.223.127
采暖回水管	153.0.153	生活污水	100.100.51		
采暖供水管	255.0.255	通气管	128.128.0		
凝结水	000.181.181	雨水管	206.206.0		
冷媒管	255.0.255	中水管	0.127.0		
新风	0.0.255				
排风	255.153.0				
回风	255.153.255				
送风	102.153.255				

10.3.4　管线综合重点难点

1. 机房

一般工程项目所包含的设备机房主要有给水排水机房、换热机房、消防泵房和空调机房等。机房内管道规格较大，且需要与机电设备进行连接。针对各种管线，把能够成排布置的成排排列，并合理安排管道走向，尽量减少管道在机房内的交叉、翻弯等现象。在一些管线较多的部位，尽量采用综合管道支架，既能节省空间，又能节省材料，达到美观、实用、方便检修和使用的效果。

2. 竖井

竖直方向上，为满足防火要求，电缆井、管道井、排烟道、排气道、垃圾道等各种竖向管井应分别独立设置，管线一般布置在竖井中。电缆井、管道井与房间、走道等相连通的孔洞，其空隙应采用不燃烧材料填塞密实。专用管道竖井，每层应设检修设施，检修通道宽度不宜小于 0.6m，检修门开向走廊。小型管道竖井，又称专用管槽，在管道安装完毕后可装饰外部墙门，并安装检修门。

管道竖井是管道较为集中的部位，应提前进行管道综合，否则会使管道布置凌乱。对该部位的管道进行分析，根据管道末端在各个楼层的出口来具体确定管道在竖井内的位置，并在竖井入口处做大样图，标明不同类型的管线的走向、管径、标高、坐标位置。

3. 公共走廊

通常公共走廊内的管道种类繁多，包括通风管道及空调冷温水、冷凝水、电气桥架及分支管、消防喷淋、冷冻水等系统管线，容易产生管道纠集在一起的状况。必须充分考虑各种管道的走向及不同的布置要求，利用有限的空间，集合各个专业技术人员共同讨论符合现场实际的管线综合排布方案，使各种管道合理排布。

10.4 模型集成及技术应用

我们将项目的所有模型文件整合到一起，由于大部分项目模型数据比较大，或是各专业模型可能会使用不同的软件进行建模导致数据格式不统一，通常会选择专门的集成软件进行。

本章主要讲解如何使用 Navisworks Manage 进行模型的集成，以及应用集成模型进行展示、漫游、信息查询及碰撞检查的方法。

10.4.1 模型集成的基本方法

1. 导出 Navisworks 文件

安装 Revit 和 Navisworks 软件时，要特别注意安装顺序，必须先安装 Revit，后安装 Navisworks，这样 Navisworks 的数据转换插件才会安装在 Revit 上。这时，启动 Revit，就可以在功能区的【附加模块】中找到 Navisworks 数据转换插件。

要将 Revit 模型文件导出到 Navisworks，首先，用 Revit 打开之前建立的模型文件，如【案例建筑 .rvt】，转到三维视图，选择功能区中的【附加模块】→【外部工具】→ Navisworks 2016 命令，如图 10-53 所示。

图 10-53　导出插件

在弹出的窗口中设置好保存路径，单击【保存】按钮，如图 10-54 所示。

依次打开结构模型和机电各专业模型，按同样的方法导出 Navisworks 文件。这样通过插件导出的是 NWC 格式。Navisworks 有三种文件格式，即 NWC、NWF、NWD，其区别在于以下三方面。

(1) NWC：是 Navisworks 的模型文件，也称作缓冲文件，可加速访问通常使用的文件。

这在由多个文件组成并且只有一部分模型改变时很有用，如若只是建模模型作了修改，而其他专业的模型没有变化，这时只需要更新建筑的 NWC 文件即可，而无须更新其他所有的模型文件。缓冲选项可以在工具菜单下的【全局选项】对话框中设置。

图 10-54　导出 Navisworks 文件

(2) NWF：包含正在使用的所有 NWC 文件的索引，也称容器文件，独立的 NWF 文件是没有意义的，它本身并不包含模型信息，模型都保存在 NWC 文件中，NWF 其实是起到整合组织模型的作用，所以 NWF 文件通常都非常小。NWF 文件还包含视点和红线注释等信息。建议对正在进行的项目使用 NWF 文件格式，因为这样对原始模型文件所作的任何更新都将在下一次打开该模型时反映出来。

(3) NWD：是 NWC 和 NWF 的集合，用于发布和分发当前项目的已编译版本，供其他人审阅，无须发送所有的源图形。可以通过使用 Navisworks 的免费模型查看器 Freedom 来审阅。

2. 模型集成与保存

双击 Navisworks Manage 启动软件，进入如图 10-55 所示的软件界面。

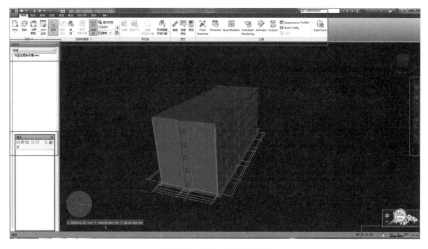

图 10-55　软件界面

在 Navisworks 中将之前导出的各专业模型集成到一起，在功能区中选择【常用】→【附加】→【合并】命令，在弹出的对话框中，选择所有之前 Revit 导出的模型文件，并单击【打开】按钮，如图 10-56 所示。

图 10-56　选择 NWC 文件

这样所有的模型文件就被整合到一块，集成后的模型如图 10-57 所示。

图 10-57　集成后的模型

展开【选择树】窗口，模型文件各层级的布置及含义如图 10-58 所示。

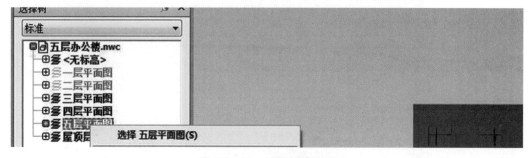

图 10-58　选择树的层级

将整合的模型文件保存为 NWF 格式，保存路径一定要与保存上述 NWC 文件格式的路径一致，单击【保存】按钮即可。

10.4.2　模型集成展示

1. 模型查看

Navisworks 有多种查看模型的方法。

(1) 单击 ViewCube 上各方位，即可快速展示对应方向的模型。

(2) 在功能区中选择【视点】→【平移】命令，移动模型，也可以按住鼠标滚轮不放，移动鼠标平移模型。在自定义快速访问工具栏中单击【选择】命令，可退出【平移】命令，如图 10-59 所示。

图 10-59　【平移】命令

(3) 在功能区中选择【视点】→【缩放窗口】命令，增大或减小模型的当前视图比例查看模型，也可滚动鼠标滚轮缩放模型。同样，单击【选择】命令可退出当前命令。

(4) 在功能区中选择【视点】→【动态观察】命令，或是按住鼠标滚轮和 Shift 键，可以动态地旋转查看模型。

2. 保存视点

在 Navisworks 中可以把某个观察视角保存下来，以便下次可快速切换到该视点。

(1) 在功能区中选择【视点】→【保存视点】→【保存视点】命令，如图 10-60 所示，并在【保存视点】选项框中右击刚保存的视点【视图】名称，重命名为【室外】。

图 10-60　【保存视点】命令

(2) 单击 ViewCube 的前视图，保存视点，并重命名为【前视图】，可单击【室外视角】视点名称和【前视图】视点名称切换视角，如图 10-61 所示。

(3) 当觉得【室外视角】视图不能很好地展示模型时，可以重新调整视角后右击【室外视角】名称，在弹出的快捷菜单中选择【更新】命令更新当前视角。

(4) 当【保存视点】窗口被关闭时，可在功能区中选择【视点】→【保存、载入和回放】→【保存的视点对话框启动器】命令，打开【保存的视点】窗口，如图 10-62 所示。

图 10-61　保存前视图视点

图 10-62　打开保存的视点

3. 模型隐藏

在 Navisworks 中可以选择局部隐藏某些构件，以便选择性地展示模型。

(1) 当只想看到机电模型时，在功能区中选择【常用】→【选择树】命令，打开【选择树】窗口，按 Ctrl 键选择建筑和结构模型，再选择【常用】→【隐藏】命令隐藏已经选择的建筑和结构模型，如图 10-63 所示，隐藏的文件或构件名称会呈灰色显示，屏幕上就只显示机电模型了。

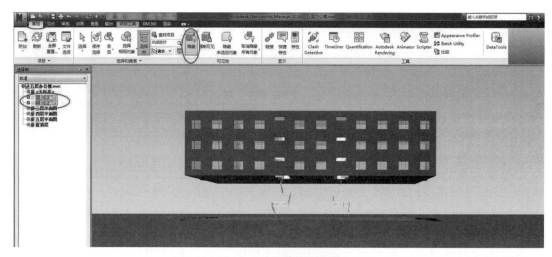

图 10-63　模型的隐藏

（2）在【选择树】窗口，选择【案例 - 建筑】→【负一层】，再选择【常用】→【隐藏未选定项目】命令，如图 10-64 所示，这时将只显示负一层的建筑。

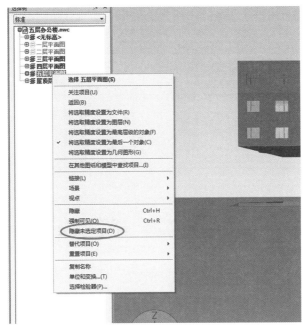

图 10-64　【隐藏未选定项目】命令

（3）在功能区中选择【常用】→【取消隐藏所有对象】→【显示全部】命令，如图 10-65 所示，可显示所有被隐藏的对象。

图 10-65　显示隐藏对象

4. 颜色替换

Navisworks 有两种模型颜色效果显示方式：① 基于模型原有材质的纹理颜色显示（渲染样式为：完全渲染）；② 模型的着色显示（渲染样式为：着色），不包含材质纹理。如果想快速地用另一种颜色替换原来模型的着色颜色，可使用如下颜色替换方法。

（1）在功能区中选择【视点】→【模式】→【着色】命令，把模型转到着色模式下。

（2）选择一面墙并右击，在弹出的快捷菜单中选择【替代项目】→【替代颜色】命令，选择红色，如图 10-66 所示，单击【确定】按钮，保存当前视点，并命名为【红色外墙】。右击【红色外墙】视点名称，在弹出的快捷菜单中选择【编辑】命令，在弹出的对话框中

勾选【替代外观】复选框，单击【确定】按钮，如图 10-67 所示，这样我们就可以随时向别人展示外墙为红色时的效果。

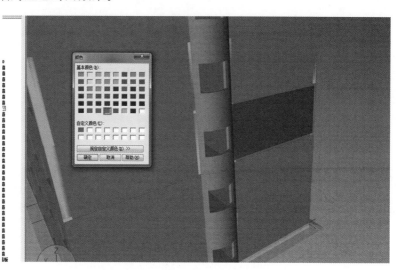

图 10-66　外墙着色展示

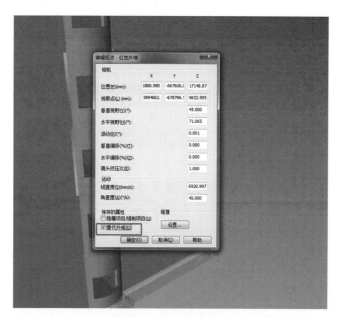

图 10-67　替代外观

选中该墙并右击，在弹出的快捷菜单中选择【重置项目】→【重置外观】命令，墙的颜色又恢复为原来的颜色。上述的【颜色替换】功能不会改变渲染样式，要改变材质纹理颜色，需要修改材质本身的颜色和纹理。

5. 审阅批注

在模型浏览、检查过程中，如果发现问题，可以添加尺寸、云线、文字等审阅批注。由于 Navisworks 的模型显示是三维动态的，而尺寸、云线、文字等是二维的注释，所以，要在模型中创建这类二维的注释，只能在某个固定的视点中存在。一旦视角改变了，这些注释就会消失，当然单击返回存有注释的视点，这些注释还会存在。

(1) 尺寸审阅批注，先保存一个视点，并重命名为【批注】，在功能区中选择【审阅】→【测量】→【点到点】命令，单击外墙的两端，测量外墙的长度，如图 10-68 所示。

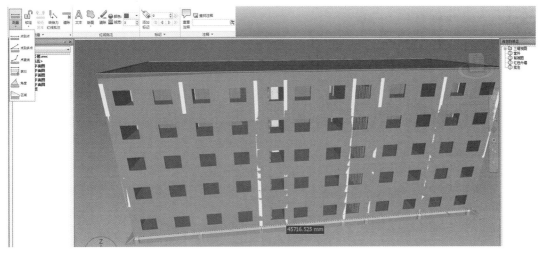

图 10-68　点到点测量

(2) 在功能区中选择【清除】命令清除当前测量，也可单击【转换为红线批注】把当前测量值转换为红线批注，如图 10-69 所示。红线批注的删除需在功能区中选择【审阅】→【清除】命令，在要删除的红线批注上拖动一个框，然后松开鼠标。

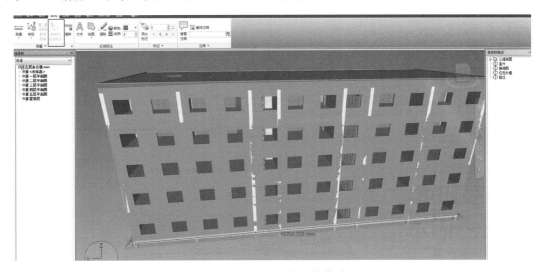

图 10-69　转换为红线批注

(3) 在功能区中选择【审阅】→【测量】→【点到点】命令，然后单击旁边的【锁定】→【Z 轴】命令，就可以约束到 Z 轴测量外墙的高度，再把测量高度转为红线批注。

(4) 在功能区中选择【审阅】→【绘图】→【云线】命令，在视点中按顺时针方向单击绘制云线的圆弧，若要终止云线，需在视图中右击鼠标，如图 10-70 所示。

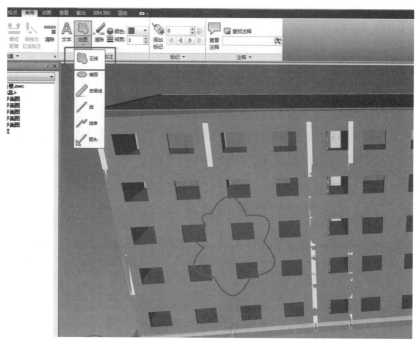

图 10-70   绘制云线

(5) 在功能区中选择【审阅】→【文本】命令，再单击云线圈，可添加文字，输入【外墙长度】，如图 10-71 所示。

图 10-71   添加文字

(6) 在自定义快速访问工具栏中单击【选择】按钮，可结束测量、云线绘制、添加文字等命令。

10.4.3   漫游动画

1. 场景漫游

在 Naviswork 中可以进行实时交互式漫游，模拟在建筑物中行走的效果。

(1) 在功能区中选择【视点】→【漫游】命令，如图 10-72 所示。

图 10-72　激活漫游功能

(2) 勾选功能区的【视点】选项卡中【真实效果】选项组中的【第三人】选项，启用第三人，如图 10-73 所示，按住鼠标左键不放，前后拖动鼠标，将实现第三人在场景中行走，按住鼠标左键左右移动鼠标，将实现场景旋转。也可以按上、下、左、右键实现第三人在场景中行走。

图 10-73　启用第三人

(3) 使用【漫游】、【平移】和【缩放】等工具让第三人穿过墙，进入室内，如图 10-74 所示。

图 10-74　第三人进入室内

(4) 勾选功能区的【视点】选项卡中【真实效果】选项组中的【重力】选项，【碰撞】选项将自动勾选，如图 10-75 所示。继续使用【漫游】工具，此时将产生重力效果，使第三人回落到地板上，并沿着地板表面行走，若碰到障碍物，第三人将无法穿越。

图 10-75　开启重力效果

(5) 单击【导航】面板名称右侧的黑色向下三角形，设置【线速度】和【角速度】的大小，可控制漫游时第三人前进的线速度和旋转时的角速度，如图 10-76 所示。

图 10-76　设置速度

(6) 可以保存一个【室内】视点，这样方便我们快速地切换到室内，如图 10-77 所示。

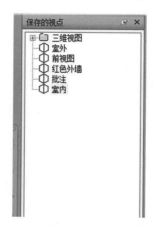

图 10-77　保存室内视点

(7) 右击【室内】视点名称，在弹出的快捷菜单中选择【编辑】→【设置】命令，可以设置第三人的半径、高度，还可设置第三人的角色为建筑工人、工地女性、工地男性等，如图 10-78 所示。

图 10-78　设置第三人体型

(8) 在自定义快速访问工具栏中单击【选择】按钮，可结束漫游动作。

2. 动画制作

可以将第三人的行走过程记录下来，保存成动画视频。

(1) 录制动画。

在功能区中选择【动画】→【录制】命令，使用鼠标控制第三人在场景内漫游，再单击【停止】按钮，即录制完成一段动画，如图 10-79 所示。

图 10-79　录制动画

(2) 播放动画。

打开【保存的视点】窗口，可找到刚刚录制的动画，右击该名称并重命名为【录制动画】，首先选中动画，然后在【动画】面板中单击【播放】按钮播放动画，如图 10-80 所示。

(3) 视点动画。

①现在我们制作第三人转弯之后再直走的动画，首先在【保存的视点】窗口的空白处右击，在弹出的快捷菜单中选择【添加动画】命令，并将动画名称重命名为【视点动画】。

②调整好第三人的位置与角度，单击【视点动画】名称，保存视点，即【视图 1】，如图 10-81 所示。

图 10-80　播放动画

图 10-81　保存第一视点

　　③如果保存的视点是在【视点动画】外面，则需要按住鼠标左键将保存的【视图】拖到【视点动画】目录下。

　　④控制第三人行走到须开始拐弯的位置，单击【视点动画】名称，保存视点，即【视图 2】。

　　⑤在拐弯处再次调整第三人的位置，单击【视点动画】名称，保存视点，即【视图 3】。

　　⑥按同样的方法在拐弯处多保存几个视点，这样制作出来的视点动画才会更加流畅，不会出现第三人穿墙或者横着走等画面。

　　(4) 导出动画。

　　①在功能区中选择【动画】→【导出动画】命令，设置导出动画参数，如图 10-82所示。

　　②单击【确定】按钮，设置保存路径，即可导出动画，如图 10-83 所示。

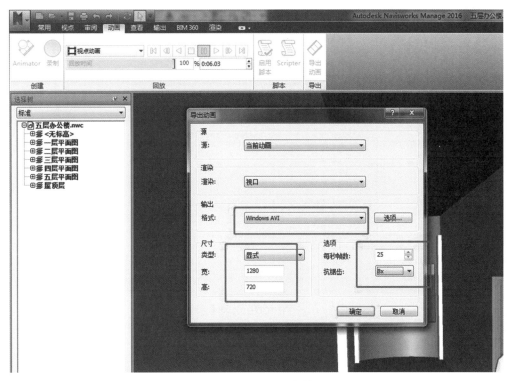

图 10-82　**设置参数**

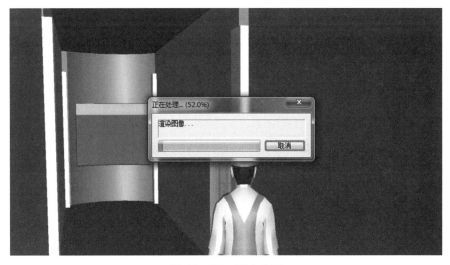

图 10-83　**导出动画**

　　导出的动画可以用视频播放器播放。需要注意的是，为了得到较高的动画质量，可以在导出动画前，在【应用程序菜单】中选择【选项】→【界面】→【显示】→ Autodesk 命令，在如图 10-84 所示窗口中设置最大值的参数。但在动画导出完成后，要回到该窗口，单击【默认值】按钮，以恢复默认设置，否则会影响浏览模型的操作速度。

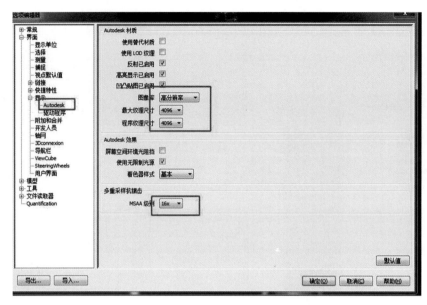

图 10-84　Autodesk 动画参数设置

附录 Revit 常用快捷键

在使用 Revit 时，建筑、结构和设备三大专业设计绘图都需要使用快捷键进行操作，从而提高设计、建模、作图和修改的效率。与 AutoCAD 的不定位数字母的快捷键不同，也与 3ds Max 的 Ctrl、Shift、Alt 加字母的组合式快捷键不同，Revit 的快捷键都是两个字母，如轴网命令 G+R 的操作，就是依次快速按键盘上的 G 键和 R 键，而不是同时按下 G 键和 R 键不放。

请读者朋友们注意从本书中学习笔者用快捷键操作 Revit 的习惯。附表 1 中给出了 Revit 常用的快捷键使用方式，以方便读者查阅。

附表 1　Revit 常用的快捷键使用方式

类　别	快 捷 键	命名名称
建筑	W+A	墙
建筑	D+R	门
建筑	W+N	窗
建筑	L+L	标高
建筑	G+R	轴网
结构	B+M	梁
结构	S+B	楼板
结构	C+L	柱
公共	R+P	参照平面
公共	T+L	细线
公共	D+L	对齐尺寸标注
公共	T+G	按类别标记
公共	T+X	文字
公共	C+M	放置构件
编辑	A+L	对齐
编辑	M+V	移动
编辑	C+O	复制
编辑	R+O	旋转
编辑	M+M	有轴镜像
编辑	D+M	无轴镜像
编辑	T+R	修剪 / 延伸为角
编辑	S+L	拆分图元
编辑	P+N	解锁

类 别	快 捷 键	命名名称
编辑	U+P	锁定
编辑	G+P	创建组
编辑	O+F	偏移
编辑	R+E	缩放
编辑	A+R	阵列
编辑	D+E	删除
编辑	M+A	类型属性匹配
编辑	C+S	创建类似
视图	F8	视图控制盘
视图	V+V	可见性 / 图形
视图	Z+R	区域放大
视图	Z+F	缩放匹配
视图	Z+P	上一次缩放
视觉样式	W+F	线框
视觉样式	H+L	隐藏线
视觉样式	S+D	着色
视觉样式	G+D	图形显示选项
临时隐藏 / 隔离	H+H	临时隐藏图元
临时隐藏 / 隔离	H+C	临时隐藏类别
临时隐藏 / 隔离	H+I	临时隔离图元
临时隐藏 / 隔离	I+C	临时隔离类别
临时隐藏 / 隔离	H+R	重设临时隐藏 / 隔离
视图隐藏	E+H	在视图中隐藏图元
视图隐藏	V+H	在视图中隐藏类别
视图隐藏	R+H	显示隐藏的图元
选择	S+A	在整个项目中选择全部实例
选择	R+C	重复上一次命令
捕捉替代	S+R	捕捉远距离对象
捕捉替代	S+Q	象限点
捕捉替代	S+P	垂足
捕捉替代	S+N	最近点
捕捉替代	S+T	切点

续表

类　别	快　捷　键	命名名称
捕捉替代	S+I	交点
捕捉替代	S+E	端点
捕捉替代	S+C	中点
捕捉替代	S+Z	形状闭合
捕捉替代	S+O	关闭捕捉

参考文献

[1] GB/T 51235—2017 建筑信息模型施工应用标准 [S].

[2] 孟琴. BIM 建模 [M]. 武汉：中国地质大学出版社，2020.

[3] 胡建平，宋劲军. BIM 建模及应用 [M]. 北京：北京理工大学出版社，2020.

[4] 姜晨光，王智，杨迪. BIM 技术与应用 [M]. 北京：中国建材工业出版社，2020.

[5] 郭永红. BIM 建模基础与应用 [M]. 武汉：中国地质大学出版社，2020.

[6] 陈淑珍，生妙灵，张玲玲，王浩. BIM 建筑工程计量与计价实训 [M]. 重庆：重庆大学出版社，2019.

[7] 赵伟，孙建军. BIM 技术在建筑施工项目管理中的应用 [M]. 成都：电子科技大学出版社，2019.

[8] 肖航，何继坤，卓菁. BIM 概论 [M]. 上海：同济大学出版社，2019.